TURING 图灵新知

唤醒 心中的 数学家

帮你爱上数学的 生活手账

[美] 苏珊·达戈斯蒂诺（Susan D'Agostino）○ 著　　何婧誉 ○ 译

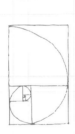

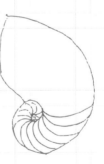

How to Free Your Inner Mathematician:

Notes on Mathematics and Life

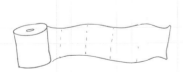
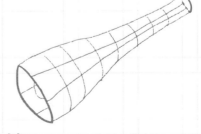

人民邮电出版社

北　京

图书在版编目 (CIP) 数据

唤醒心中的数学家：帮你爱上数学的生活手账 /
(美) 苏珊·达戈斯蒂诺 (Susan D'Agostino) 著；何
婧誉译. -- 北京：人民邮电出版社，2024.4（2024.5 重印）
（图灵新知）
ISBN 978-7-115-63189-3

Ⅰ. ①唤… Ⅱ. ①苏… ②何… Ⅲ. ①数学—普及读
物 Ⅳ. ①O1-49

中国国家版本馆 CIP 数据核字 (2023) 第 224394 号

内 容 提 要

在这本与生活常识紧密相关的数学手账中，我们将学会正确看待数学学习中的恐惧与挫折感，体会数学思维带来的快乐。作者凭借丰富的教学经验和感悟，借助引人入胜的数学知识和 300 多幅手绘插画，用简单的语言讲述了对称、模糊逻辑、彭罗斯图案、无穷、孪生质数猜想、博弈论、费马大定理等有趣的数学话题，借此鼓励读者学会处理数学学习中的困难与变化，找到适合自己的思考方法。无论是学生还是数学爱好者，都能在阅读本书的过程中获得学习数学的勇气与自信，唤醒自己"心中的数学家"。

本书适合对数学感兴趣的大众读者阅读。

◆ 著　　　　[美] 苏珊·达戈斯蒂诺（Susan D'Agostino）
　　译　　　　何婧誉
　　责任编辑　赵晓蕊
　　责任印制　胡　南

◆ 人民邮电出版社出版发行　　北京市丰台区成寿寺路 11 号
　　邮编　100164　　电子邮件　315@ptpress.com.cn
　　网址　https://www.ptpress.com.cn
　　涿州市京南印刷厂印刷

◆ 开本：720×960　1/16
　　印张：18.5　　　　　　　2024 年 4 月第 1 版
　　字数：262 千字　　　　　2024 年 5 月河北第 2 次印刷
　　著作权合同登记号　　图字：01-2020-6485 号

定价：89.80 元
读者服务热线：(010) 84084456-6009　印装质量热线：(010) 81055316
反盗版热线：(010) 81055315
广告经营许可证：京东市监广登字 20170147 号

版 权 声 明

献给埃斯特班，是你让我爱上与数学的对话。

序言

为什么会有这本书?

我有件事要向你坦白:我读高中时在一次微积分考试不及格之后就放弃了数学。当时,我以为我最好的数学时代已经过去了。在大学,我一边学习人类学和电影,一边在纽约哈得孙河谷的一家农场打工挤牛奶(我可没有机会在暑假做与数学相关的实习)。大学毕业后,我为了母校走遍了南、北美洲的学校,采访了很多学生。毕业之后,我在另一家养了 42 000 只鸡的农场上安了家,但我还花了很长时间在一家修行所学习瑜伽的哲学和实践。在这段时间里,我内心始终保有一个秘密:我想学习更多的数学。

梅丽莎是我的好朋友,她从四岁开始就学习跳舞。我在没有外出旅行的时候,每周四都会和她一起做晚饭。在糙米、本地蔬菜以及柠檬芝麻酱上,我们绘制着未来的生活。梅丽莎十分了解创造性的追求和梦想,所以我告诉了她我的秘密。

"如果你能用从农民和瑜伽老师身上学到的勤奋和坚持来帮助自己学习数学,那该有多好啊!"梅丽莎把她心里想的说了出来。这是个挺有意思的想法。在农场上,我经历了干旱、虫灾、设备故障和农作物病害,但都坚持了下来,最后总能在令人惊叹的环境中收获甜美的草莓、浓烈的切达奶酪、鲜嫩的芦笋、新鲜的鸡蛋和脆甜的苹果。在瑜伽练习中,我可以为了了解平衡、力量和呼吸而将我的身体扭曲成站立半莲花式、犁式和鹰式姿势。

虽然离我上次打开一本数学书或是参加一堂数学课已经有近十年了,但我还是报名参加了一个微积分预备课程。在工作的同时,我花了很多年把自己的能力提升到普通数学本科生的知识水平,然后,我又在达特茅斯学院花了好几年才拿到数学博士学位。在我重新开始学习数学以及之后的那些年里，我恋爱、结婚、生了两个小孩，也送走了我的父亲和母亲。我在中学和大学都教过数学。我也受聘为我所在州的州长数学教育顾问，这让我有很多机会与本州甚至州外的小、中、大学的学生、老师以及行政人员讨论数学这门学科。在离开教职后，我成了一本数学研究论文集的主编，而且曾被邀请去往德国海德堡获奖者论坛，采访了菲尔兹奖——数学界的诺贝尔奖——的得主们。同时，在我家厨房的桌子旁，我辅导了我的孩子们的小学和中学的数学作业。在如此繁忙的同时，我还患上了危及生命的疾病，并且忍受了很长一段时间无法行走，甚至不知道自己将来还能不能走路的痛苦（万幸的是，我现在可以自己走路了）。伯特兰·罗素曾经说过："当这尘世不能让我舒适时，是数学和星星安慰了我。"他也许预示了我要走的路，人生或喜或悲、或高或低，但数学总在身边陪伴着我。

这些经历让我对于个体、家庭、地方、国家和国际上对数学的追求有了不同寻常的见解。每一天，即使我的数学思维正陷于僵局，我的心里也充满了对数学给予我生命的意义的感恩。我在追求数学的道路上，尽管偶尔会受到他人的劝阻或干扰，但更多的时候，我得到的是数学界的鼓舞，这一群体超越了时间，崇尚抽象及批判性思维。即使我把数学神圣化了，我也不会对此表示歉意。每个人都有数学思维能力。每个人都拥有还未被开发的巨大数学潜力。在我的经历中，不管是我的孩子、学生、我所在州和国家的居民，还是我造访过的世界各地的学校中的学生，还是我帮忙出版过论文的数学家们，还是我有幸交谈过的菲尔兹奖得主，他们都有着共同的特征：好奇心、渴望和坚持——远比天赋重要得多。

在与不同背景的人们交谈后，我发现了另一个共同的主题。他们对这门学科有着强烈的感情——或爱或恨，即便是那些承认自己对数学充满恨意的人，也往往会在最后加上一句："直到……我还是很爱数学的。"他们对数学由爱转恨的原因几乎从来都与数学本身无关。没有人会说"第四维这个概念冒犯到我了"或是"我从哲学上反对无穷还能分大小"。事实上，那些不喜欢数学的人会很快开始讲述一个故事（细节多得仿佛一切就发生在昨天）——那个关于他们决定"离开"数学的那一刻的故事。对其中一部分人来说，比如年轻时的我，那是某次考试没能及格。对其他人来说，也许是一个朋友、家长、导师或老师严厉地贬低了他们的数学潜力，这就如同接到了一张来自数学的薄薄的开除通知单。还有更多人碰到了一个不愿意讲解数学概念的老师，而这就终止了他们继续学习数学的道路。但他们几乎最后都会说出这样一句话："我一直很佩服数学学得好的人。我要是也能学得更好就好了。"

《唤醒心中的数学家》是我想写给年轻时的我的一本书，那个我曾因为一次考试失利就认为学不好数学。这也是写给曾说出"直到……我还是很爱数学的"的那些人的书。这本书同样写给数学爱好者们。我从不相信有所谓的"数学人"和"非数学人"之分。不管你是谁，有怎样的背景，这本书想邀请你停住脚步，听一听你自己的数学思想。你会在这里思考各种形状、规律、数字和理念，你会发现超越数学并融入生活本身的课题。这本书会教你如何走出或是重返个人的数学之路。它会教你如何唤醒心中的数学家。

这本书适合你吗？

如果你对于你正在学的、曾经学过的或是没有学到的数学思想感到好奇的话，这本书很适合你。也许你是一位喜欢数学的高中生或大学生，也许你是一位很久没碰过数学、已经工作了的成年人，也许你是一位为了辅导孩子数学作业而想要先培养自己的"数学自信"的家长。这本书不会提供也不会要求读者拥有代数、几何或微积分上的任何专业知识。在阅读这本书时，你不需要回忆任何公式，或者费力解读数学技术符号。你只需喜好阅读、学习和思考。你或许还喜欢在纸上写写画画，来帮助理解数字、形状、图案以及抽象的数学概念。

你应该对周遭世界中的数学属性感兴趣，比如墙纸上的图案、堆橙子的最好方法、地球的形状、投票方式的公平性，以及检测有人篡改过的数据集的方法。你应该对超越生活的概念感兴趣，比如四维超立方体、混沌理论、微生物集群的几何属性。你应该为能掌握博弈论、编码理论、微积分和拓扑学等数学分支的基础而感到兴奋。虽然你可能对本书中提到的数学在工程、生物学、化学、物理学、科技或经济学中的许多实际应用更感兴趣，但当碰到没有明显实际用途的理论数学概念时，你也不用太过担心。数学家们追求数学，往往是为了增长他们自身的智慧，即使不是为了这个，那也可能纯粹是为了数学本身所带来的快乐。

你会看到什么？

你可以在海滩上阅读这本书，当然也可以端端正正地坐在书桌前。在哪里怎样看这本书并不重要，重要的是你阅读这本书时的思维框架。你应该把有时在思维上碰到的困难视为一种公平交易的筹码——通过它，你会得到虽然有时姗姗来迟，但往往令人喜悦的奇迹。因为任何一章内容都不以另一章为前提，所以你用什么顺序阅读本书都可以，当然，你也可以从第 1 章开始顺读到最后。花多少时间阅读本书也不重要，你可以花上一周乃至一年。

本书中涵盖的每个数学主题都可以独立出书，因此，你会看到本书对各种主题进行了基本介绍，而不是深入探讨某几个问题。书中每个短小的章节都会给你介绍一个不同的数学概念，以及坚持学习数学的一条建议。这些建议中很多不光与数学学习相关，对于日常生活也同样有效。在每章的最后，你将有机会通过一道习题来检验自己的理解程度，并实践该章中所提出的建议。这些习题大多不需要计算，但几乎都需要你能创造性地思考。如果你在海滩上阅读这本书，闭上你的眼睛，听听海浪的声音，在脑子里思考一下习题的解决方法。如果你在书桌前看这本书，拿出一支铅笔，开始写写画画你的答案。在本书的最后，你能找到这些问题的详细答案，而这些答案会延续对应章节中的讨论及例证。

这本书根据大致的难度分成了三个部分，但对难度的衡量往往非常主观。一个"很难"的数学讨论对于某些人来说也许"很简单"，反过来也是如此。这三个部分如下。

- **第一部分：身体的数学**。这部分的每个主题都有一个大家熟悉的切入点，即使挑战会随着阅读进度越来越大，这个切入点也会帮助你初步理解问题。比如，关于哥尼斯堡七桥问题的章节会让你想象在一座拥有以特定方式排列的七座桥的城市中漫步。关于纽结理论的章节会讨论用一根绳子打结的各种方法。关于计算员与数学家凯瑟琳·约翰逊的章节在开始时则会让你思考如何让一艘太空飞船重新进入大气层。即使你以前从来没有接触过与之相关的数学，我相信你也一定思考过或梦想过太空旅行。

- **第二部分：心灵的数学**。这部分涵盖的每个主题都具有吸引力，但与第一部分相比，难度有所增加。我可能选择在一些主题中加入比第一部分的章节更多的细节，或者，有些主题是从比较抽象或不熟悉的概念开始的。例如，毛球定理（尽管名字有些好笑，但这是一个真正严肃的数学定理）非常有趣，但在理解这个定理之前，你必须懂得连续向量场的概念（别担心，我画了很多张图，以便让你快速入门）。关于孪生质数猜想的讨论会请你思考一下质数——那些只能被 1 和自身整除的自然数，但这些质数在数轴的极远端，如同在北极圈的小部落里群居的人们，部落之间也相隔很远。不是所有人都有把数拟人的经历，所以这个主题可能在刚开始时会让你感到陌生。

- **第三部分：精神的数学**。这部分的主题十分抽象，但它们也是数学中最负盛名的问题。你会在四维的克莱因瓶上沿着一个方向散步，最后回到原地，却发现你整个人上下颠倒了过来。你会证明某些无穷比其他无穷还要大。你会只能用自己脑海中的眼睛"看到"分数维中的物体——因为在纸上画不出它们来。你会需要理解一条能充满空间的曲线。我尽可能地通过大量草图来阐明这些讨论。这些主题需要你集中全部注意力来对待，但它们也会在思维与精神上给予你巨大回报。

当你阅读本书时，请你摒弃数学只是套公式的想法。请你记住，读数学书并不像读小说或报纸。慢慢地读，停下来想一想，然后再继续。当你阅读本书时，请问你自己一些问题：我明不明白这句话的意思？我能不能用自己的话把它说一遍？如果我把这句、这段或这页再读一遍，会不会对我有帮助？我能不能想出一个例子，或者两个甚至三个？插图和文字有什么样的关联？在外人看来，你像是在读一点儿，停下想一想，也许又翻回前一页，拿起铅笔尝试着自己画些草图，然后又接下去读了一点儿，再尝试着解决一个问题；而在绝大部分情况下，你在解决问题的过程中可能又要再读一点儿。就像在做菜时，"慢火"才能做出层次更深的滋味，我也鼓励你"慢读"本书，这样你才能从更深层次懂得数学的真义。

如果你在读某章时觉得实在很难，那你可以跳过这一章，换一下思路。但不要忘了之后要回到对你来说有难度的那一章。在将来的某一天，你有了一种不同的心情，换了一个不同的角度，多了一点儿数学知识，或许你就会发现自己的脑海里出现了一条崭新的数学思路。当新思路出现时——你如果坚持阅读、与自己或他人讨论本书，它一定会出现的——请好好享受这一得到启示的安静时刻。当你经历过好几个这样的时刻后，你离唤醒自己心中的数学家的那一刻就越来越近了。

目　录

第一部分　身体的数学

第1章　像蝉一样，改变你的生活习惯 ……………………………………… 3

第2章　像沃罗诺伊图一样，朝着可行的方向成长 ……………………… 7

第3章　依靠推理，折纸也可以到达月球 ………………………………… 11

第4章　阿罗不可能定理：为自己定义成功 ……………………………… 17

第5章　像凯瑟琳·约翰逊一样，伸手摘星 ……………………………… 23

第6章　二进制与计算机：找到正确的搭配 ……………………………… 30

第7章　本福特定律，顺其自然 …………………………………………… 35

第8章　根据混沌理论，拒绝互相比较 …………………………………… 39

第9章　像阿基米德一样，多观察生活 …………………………………… 43

第10章　在哥尼斯堡的桥上，一步步走出答案 ………………………… 46

第11章　打开纽结，解开问题 …………………………………………… 54

第12章　最短路径未必是直线：全面思考问题 ………………………… 61

第13章　斐波那契数列：放眼自然之美 ………………………………… 65

第14章　微积分中的黎曼求和：分而治之 ……………………………… 68

第15章　非欧几里得几何让我们拥抱变化 ……………………………… 75

第16章　鸽巢原理：寻求更简单的方法 ………………………………… 79

第 17 章　开普勒的球填充猜想：有根据的猜测 ⋯⋯⋯⋯⋯⋯ 83

第 18 章　终端速度：按自己的节奏前行 ⋯⋯⋯⋯⋯⋯⋯⋯⋯ 86

第 19 章　因为地球是扁球形，多注意细节 ⋯⋯⋯⋯⋯⋯⋯⋯ 89

第 20 章　希尔伯特的二十三个问题：一起加入数学界吧 ⋯⋯ 92

第二部分　心灵的数学

第 21 章　孪生质数猜想：寻找志同道合的数学伙伴 ⋯⋯⋯⋯ 99

第 22 章　毛球定理：放弃完美主义 ⋯⋯⋯⋯⋯⋯⋯⋯⋯⋯⋯ 103

第 23 章　解决费马大定理：享受追寻答案的过程 ⋯⋯⋯⋯⋯ 108

第 24 章　彭罗斯图案：设计自己的模式 ⋯⋯⋯⋯⋯⋯⋯⋯⋯ 112

第 25 章　0.999...=1：尽可能保持简单 ⋯⋯⋯⋯⋯⋯⋯⋯⋯ 119

第 26 章　维维亚尼定理：换个角度看问题 ⋯⋯⋯⋯⋯⋯⋯⋯ 121

第 27 章　莫比乌斯带：探索的乐趣 ⋯⋯⋯⋯⋯⋯⋯⋯⋯⋯⋯ 126

第 28 章　质数的无穷性：勇于持有不同观点 ⋯⋯⋯⋯⋯⋯⋯ 131

第 29 章　博弈论：尽可能合作 ⋯⋯⋯⋯⋯⋯⋯⋯⋯⋯⋯⋯⋯ 136

第 30 章　若尔当曲线定理：少人问津的途径 ⋯⋯⋯⋯⋯⋯⋯ 140

第 31 章　黄金矩形：放手去调查吧！⋯⋯⋯⋯⋯⋯⋯⋯⋯⋯ 147

第 32 章　调和级数：小步前进也没关系 ⋯⋯⋯⋯⋯⋯⋯⋯⋯ 155

第 33 章　拥有正二十面体对称性的噬菌体：高效工作 ⋯⋯⋯ 159

第 34 章　编码理论：寻找平衡 ⋯⋯⋯⋯⋯⋯⋯⋯⋯⋯⋯⋯⋯ 166

第 35 章　无字的证明：那就⋯⋯画个图 ⋯⋯⋯⋯⋯⋯⋯⋯⋯ 171

第 36 章　模糊逻辑：容纳细微差别 ⋯⋯⋯⋯⋯⋯⋯⋯⋯⋯⋯⋯⋯ 174

第 37 章　布劳威尔不动点定理：当问题有答案时，要心存感激 ⋯⋯ 179

第 38 章　贝叶斯统计学：更新认知 ⋯⋯⋯⋯⋯⋯⋯⋯⋯⋯⋯⋯⋯ 184

第 39 章　虚数也存在：保持开放的心态 ⋯⋯⋯⋯⋯⋯⋯⋯⋯⋯⋯ 188

第 40 章　随机游走一番，沿途享受过程 ⋯⋯⋯⋯⋯⋯⋯⋯⋯⋯⋯ 192

第 41 章　像爱因斯坦和 $E=mc^2$ 一样，屡败屡战 ⋯⋯⋯⋯⋯⋯⋯ 195

第三部分　精神的数学

第 42 章　在克莱因瓶上迷失方向 ⋯⋯⋯⋯⋯⋯⋯⋯⋯⋯⋯⋯⋯⋯ 201

第 43 章　超立方体：走出你熟悉的领域 ⋯⋯⋯⋯⋯⋯⋯⋯⋯⋯⋯ 208

第 44 章　跟随好奇心，沿着空间填充曲线前进 ⋯⋯⋯⋯⋯⋯⋯⋯ 213

第 45 章　分数维：锻炼你的想象力 ⋯⋯⋯⋯⋯⋯⋯⋯⋯⋯⋯⋯⋯ 219

第 46 章　无穷也分大小，行事要谨慎 ⋯⋯⋯⋯⋯⋯⋯⋯⋯⋯⋯⋯ 226

结束语 ⋯⋯⋯⋯⋯⋯⋯⋯⋯⋯⋯⋯⋯⋯⋯⋯⋯⋯⋯⋯⋯⋯⋯⋯ 237

习题答案 ⋯⋯⋯⋯⋯⋯⋯⋯⋯⋯⋯⋯⋯⋯⋯⋯⋯⋯⋯⋯⋯⋯⋯ 240

致谢 ⋯⋯⋯⋯⋯⋯⋯⋯⋯⋯⋯⋯⋯⋯⋯⋯⋯⋯⋯⋯⋯⋯⋯⋯⋯ 276

参考文献 ⋯⋯⋯⋯⋯⋯⋯⋯⋯⋯⋯⋯⋯⋯⋯⋯⋯⋯⋯⋯⋯⋯⋯ 278

第一部分　身体的数学

第 1 章
像蝉一样，改变你的生活习惯

所有物种都必须通过进化来迎接挑战。颜色鲜艳的箭毒蛙味道不好，因此蛇和其他捕食者不想猎捕它们。飞蛾平躺在树皮上，以免被饥饿的蝙蝠和猫头鹰发现。豪猪有尖刺，猎豹有速度，臭鼬有臭气，乌龟有硬壳——这些都是它们躲避捕食者的防御机制。但是如拇指大小的蝉要如何保护自己呢？蝉飞得不快，在地面移动的速度也很慢。蝉的红色眼睛和笨拙形状让它们在树皮上或地上都无从隐藏。它们没有毒、尖刺、速度或臭气。当鸟、蝙蝠、哺乳动物甚至鱼咬破蝉的那层薄皮时，它们率先体会到的很可能是一口愉悦的脆感，然后就是如饺子馅一般柔软的内部。即便如此，蝉这个物种到今天依然存着。这是如何办到的呢？进化生物学家斯蒂芬·杰伊·古尔德告诉我们，蝉有两个成功的防御机制：捕食者饱足感和质数生命周期[1]。

"捕食者饱足感"听起来很厉害，其实这只是在描述蝉的一种策略：它们很少出现在外面——每隔 13 年或 17 年出现一次，具体取决于繁殖群，但每次出现的蝉的数量总会远超捕食者的需求。它们如昙花一现般大规模同步出现，罕见而快速，这意味着尽管有很多蝉会被吃掉，但不会是全部。幸存者们交配、繁殖，然后在地底躲藏下一个 13 年或 17 年，以此来保证物种得以继续生存。

要是可能的话，蝉的捕食者也许会进化成在蝉出现的时机繁殖，这样可以保证后代能轻松获得足够的食物。但它们办不到，因为蝉的捕食者的生命周期都只有 2 到 5 年——远短于蝉的生命周期。这次幸运地碰到蝉群的捕食者，不会再碰到下一次蝉群出现了。因此，蝉更长的生命周期可以算作一种防御机制。

但为什么蝉的生命周期没有进化到 6 年呢？毕竟以 6 年来应付有 2 到 5 年寿命的捕食者应该足够了。假设蝉的生命周期是 6 年，那么，很多有 2 到 3 年寿命的捕食者就会在每次蝉群出现时得以大饱口福，因为 2 和 3 都可以整除 6。比如说，某种捕食者的生命周期是 3 年，那它们在第 3、6、9、12、15、18、21、24……年都会出现，而拥有 6 年生命周期的蝉群则会在第 6、12、18、24……年出现。因此，在这种情况下，蝉群在每次出现时都得应付这种捕食者。从蝉的角度来看，6 年的生命周期并不理想。

对蝉来说，理想的生命周期是一个大于 5 且只能被 1 和自身整除的数，换句话说，蝉的理想生命周期是一个大于 5 的质数。这样的数可以使蝉群在出现时撞上捕食者的概率降到最低。例如，某个捕食物种会在第 3、6、9、12、15、18、21、24、27、30、33、36、39、42、45、48、51……年出现，而拥有 17 年生命周期的蝉群则会在第 17、34、51……年出现，这两个物种每 3 × 17=51 年才会同时出现。这样的话，蝉群只需每 51 年应付一次这种仅有 3 年寿命的捕食者。和上面假设的 6 年生命周期所造成的相遇频率相比，这要理想多了。

当然，世界上有很多捕食蝉的物种，它们的寿命可以是 2、3、4 或 5 年。与较小的非质数生命周期相比，17 年的生命周期可以最大程度地减少蝉群出现时捕食者的数量和种类。

这样一来，蝉没有回避生存的挑战，并通过调整自身生存习性的方式成功面对了考验。与生俱来的漫长质数生命周期，最大程度地减少了它们在从安全休眠中醒来时与捕食者相遇的风险，也大大降低了与同一种捕食者相遇的频率。

蝉的生命周期或许可以在学习数学的道路上给你一些启发。试着改变一下自己的生活习惯，在不太可预测的时间出现。在非高峰时间去趟图书馆。去寻找并加入正式或非正式的数学对话。哪怕你现在没有学习相关的知识，也可以去听一听数学讲座。找你的朋友喝杯咖啡，聊聊数学——你不仅可以分享所学的知识，你的朋友可能也会对（对你来说）有难度的概念提供一些见解。当你在不同时间出现、遇到不同的人的时候，你或许会体会到完全不同的氛围，收获完全不同的思路。

　　既定的学习模式固然有它的好处，但不要忘记，适当改变日常习惯也有其优势。或许你没有猎豹的奔跑速度，没有箭毒蛙的可怕味道，没有飞蛾的伪装技巧，没有豪猪的刺扎威力，没有臭鼬的难闻气味，也没有乌龟的硬壳。但是，就像拥有质数生命周期的蝉一样，你也可以在不同寻常的时间"冒出来"，茁壮成长。

第 1 题

1742 年，数学家克里斯蒂安·哥德巴赫给同为数学家的莱昂哈德·欧拉写了一封信，信中说，他认为任一大于等于 4 的偶数都可表示成两个质数之和。以下是前 10 个大于等于 4 的偶数满足这一猜想的证明：

$4 = 2 + 2$

$6 = 3 + 3$

$8 = 3 + 5$

$10 = 3 + 7$

$12 = 5 + 7$

$14 = 3 + 11$

$16 = 3 + 13$

$18 = 5 + 13$

$20 = 7 + 13$

$22 = 11 + 11$

请探索哥德巴赫的猜想，看它对于接下来的 10 个偶数是否仍然成立。你在这些质数的和中有没有发现什么规律？你对哥德巴赫的这一猜想理解了什么，又有什么地方觉得不够明白？你认为哥德巴赫的猜想对所有大于等于 4 的偶数都成立吗？

第2章
像沃罗诺伊图一样，朝着可行的方向成长

　　糖枫、猴面包树、银杏、巨杉、龙血树、日本枫树、橡树、垂柳和苹果树的树冠截然不同，但都很美观。一棵树可以比它周遭的树木长得更高，将其枝丫延伸到更远的地方。一些树在森林中由落入土壤的种子自然生长而成，而另一些则被种在果园里、人行道旁，或医院候诊室角落的花盆中。最初，大多数树的树冠可以不受方向的限制自由生长，不用害怕碰到其他树木或物体。但在成长一段时间后，树木必须适应在生长方向上的限制。也许一棵树的树冠被另一棵树的树冠遮挡了；对于一棵生长在城市里的树来说，它也许被建筑边缘或来往的卡车挡住了部分生长的方向；即使是在室内盆栽的无花果树，有时也必须适应它所处角落的墙壁。

　　如果树木能够感到灰心丧气的话，那么在自己的树枝碰到另一棵树的树枝、建筑边缘、来往的卡车或身旁的墙壁的时候，它们也许就会赌气不长了。但树木是不会灰心的。正相反，即使存在障碍，它们仍能欣然专注于自我成长。换句话说，它们或许会在碰到障碍的方向停止生长，但在其他可行的方向上仍会继续生长。

　　生长过程中的树冠可以用数学中的沃罗诺伊图来模拟。根据"样点"将二维平面分割成被称为"单元"的区域，就得到了沃罗诺伊图。这些单元区域都

用凸多边形表示，凸多边形是以直线段为边、所有内角均小于180°的多边形。"样点"则由点来代表。沃罗诺伊图可以描绘出森林中匀速生长的树木的鸟瞰图：样点是每棵树干的中心点，而单元区域则是每个树冠覆盖的范围。在以下四张插图中，第四张图就是根据第一张图中种子的分布而得到的树冠沃罗诺伊图。

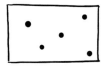 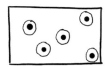 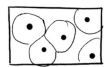 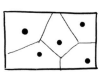

每个点代表一颗种子

种子长成了幼苗，包围点的圆圈是它们的树冠

树冠在碰到其他树冠的时候，在那个方向停止了生长，但仍会朝其他方向延伸

在沃罗诺伊图中，树冠已经占据了所有可用的空间

沃罗诺伊图

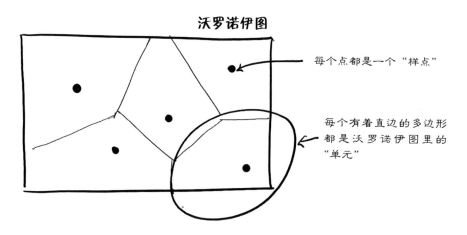

每个点都是一个"样点"

每个有着直边的多边形都是沃罗诺伊图里的"单元"

在沃罗诺伊图中，距离一个单元内的任何一个点最近的样点永远是这个单元的样点。沃罗诺伊图中边界线上的点则与相邻单元的样点等距。

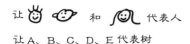

让 👑 🪐 和 👩 代表人

让A、B、C、D、E代表树

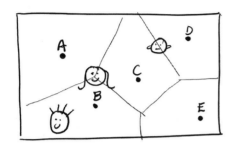

👑 在B树的单元内，所以他离B树最近

🪐 在C和D的边界线上，所以他与这两棵树的距离相等

👩 在A、B、C的交点上，所以她与这三棵树的距离都相等

沃罗诺伊图的应用并不限于林业。有些极为漂亮的沃罗诺伊图就"藏"在眼皮底下，等待着你去注意。在某地农场摊位上出售的蜂巢中，有序的六边形可以用沃罗诺伊图来建模，只要在图中按规则放置样点即可。长颈鹿身上的斑纹和蜻蜓翅膀上细密的翅脉勾勒出的纹路都可以用沃罗诺伊图来表示。那么，泥土干裂后由裂缝形成的不规则多边形呢？对，那也是沃罗诺伊图。

蜜蜂的蜂巢可以用沃罗诺伊图建模

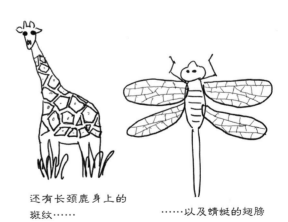

还有长颈鹿身上的斑纹……

……以及蜻蜓的翅膀

城市规划者也会用沃罗诺伊图来决定消防局和学校的服务区域。每处设施都是用来生成沃罗诺伊图的样点，生成的每个单元则代表着可在最大程度上减少路上所需时间的最佳服务区域。也就是说，每个服务区域（即单元）内的居

民或学生应当住得离自己所属的消防局和学校（即他们所在单元的样点）最近，比其他区域的消防局和学校更近。

在刚刚起步的数学学习和人生道路上，你也许就像一棵还未受到任何阻碍的幼苗，可以无拘无束地生长。但随着时间推移，幼苗和你都可能会遇到诸多障碍，你们的成长会因此受到威胁。当你碰到这些其实人人都会遇到的障碍时，不要让它阻挡你前进，在其他可行的方向上继续成长吧。最后，也许你会变成一个凸多边形，而不是一个完美的圆形，但你将得到自己能力范围内最大的知识领域。

第 2 题

假设某人认为，每个学生都应该住得离自己所属区域的学校最近。画出一幅图，圈出每个区域的学校。用这些学校作为生成沃罗诺伊图的样点。在画图的过程中，你应该用自己的方法画出沃罗诺伊图中的边界线，使得与每个单元内的点距离最近的样点都是本单元的样点。

第 3 章
依靠推理，折纸也可以到达月球

要把一张纸对折多少次，才能让它到达月球呢？你的猜测是否接近 40 次？400 次？4000 次？还是 4 万、40 万或 400 万次？拿一张纸折折看，开始思考一下吧。

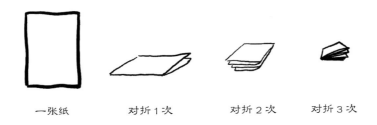

一张纸　　　　对折 1 次　　　　对折 2 次　　　对折 3 次

如果你拿一张正常大小的笔记本的纸来试，也许折 6 次就折不太动了。这里的问题是，纸会越折越厚，厚到一定程度，这张纸就不可能再被对折了。

布里特妮·加利文在美国加利福尼亚州上高中的时候，她的数学老师让全班挑战一下把一张纸对折 12 次[2]。我们已经无从得知，布里特妮的老师是不是真的认为学生们可以做到，毕竟当时全世界还没有人成功过。但是，布里特妮仍然靠着她的推理能力接受了这个挑战。在折纸的时候，很多人会每折一次换一个方向，也就是说，他们每折一次就会把纸旋转 90°，再折下一次。在第一次对折之后，就需要去折叠已经被折叠过的边缘。布里特妮尝试了按同一个方向折叠，即所有折线都彼此平行。

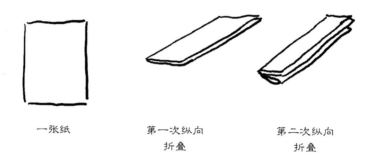

一张纸　　　　　第一次纵向　　　　　第二次纵向
　　　　　　　　　折叠　　　　　　　　折叠

当布里特妮像这样平行折叠的时候，她就不需要折叠已经折过的边缘。但是，按同一方向折叠的问题在于，可折叠的面积会随着每一次对折迅速缩小。布里特妮意识到，应该用更长的纸，这时她想到了可以用与厕纸类似的纸。或许一个很长的矩形（就像一卷展开的厕纸）的面积可供按同一方向对折很多次。

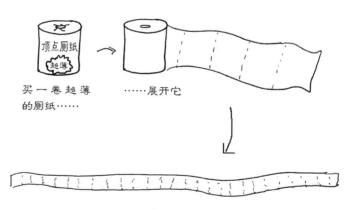

买一卷超薄
的厕纸……　　……展开它

……直到它变成一个很长的矩形
注意：此图未按比例绘制

布里特妮的思考过程没有依赖复杂的数学，而是依靠了她的推理能力。她尝试采用了像厕纸那种长长的纸——可能比原来笔记本的纸要长，但也不像整卷厕纸那样长。每次对折后，纸张的层数与之前相比会翻倍。

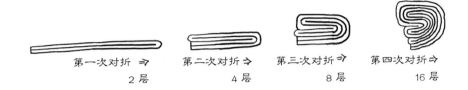

第一次对折 ⇒　　第二次对折 ⇒　　第三次对折 ⇒　　第四次对折 ⇒
　　2 层　　　　　　　4 层　　　　　　　8 层　　　　　　　16 层

注意：为使图示更清楚，厕纸厚度被夸大了

这次实验让她意识到，可以用一张很长很长的纸——类似厕纸——来完成对折 12 次这个挑战。准确地说，布里特妮意识到纸的长度决定了这张纸可以被对折多少次[3]。

布里特妮总结出一个公式，通过计算得知，如果一张纸要被成功折叠 12 次，这张纸至少得有 4000 英尺① 那么长。于是在 2002 年 1 月，她在两个朋友的帮助下开始折纸。8 小时后，她成为世界上第一个将一张纸对折了 8、9、10、11 乃至 12 次的人[4]。她的推理能力让她成功完成了数学老师的挑战，同时还创造了一项新的世界纪录。

为什么把一张纸对折 12 次需要这么长的纸和这么长的时间？ 12 这个数本身并不大。你需要把一张纸对折多少次，才能让它到达月球呢？不管你是按同一方向折叠还是按多个方向折叠，每次对折，纸的层数都会翻倍。我们可以在一张餐巾纸上粗略地计算一下，折叠层数是如何增长的（如下页图）。

每对折一次，纸的层数都会是之前的 2 倍。由于变量 n 是指数，因此这种增长被称为指数增长。换句话说，折叠 n 次后会有 2^n 层。

---

① 本书多处使用了英制单位，常用英制单位的换算如下：1 英寸 =0.0254 米，1 英尺 =0.3048 米，1 英里 =1609.344 米，1 磅≈453.6 克。——编者注

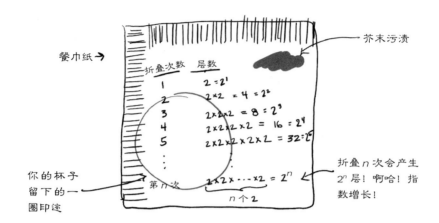

假设一张纸的厚度大约为 0.0033 英寸，然后你就可以用推理能力来开始解决这个问题了。在一张纸被折叠 n 次后，纸的总厚度会达到 0.0033×2^n 英寸。现在你的理性思维能力开始发挥作用了，或许你会用下面这张表格来整理你目前为止的想法。每折叠 10 次，计算一下纸的厚度。

折叠次数	厚度（单位：英寸）
10	$0.0033 \times 2^{10} \approx 3.3792$
20	$0.0033 \times 2^{20} \approx 3460$
30	$0.0033 \times 2^{30} \approx 3\,543\,348$
40	$0.0033 \times 2^{40} \approx 3\,628\,388\,372$
50	$0.0033 \times 2^{50} \approx 3.7$ 万亿

嗯……3000 英寸或者 300 万英寸有多厚？如果把厚度转换成更合理的单位，这些数看上去会更有意义。但怎样才能把英寸换算成英尺或者英里呢？你不需要死记硬背任何公式。回忆或是查找一下单位换算关系：1 英尺是 12 英寸，1 英里是 5280 英尺。所以，把英寸转换成英尺，就除以 12；把英尺转换成英里，就除以 5280。下面，请找出另一张餐巾纸作为你的草稿纸。由于这次计

算不需要精确的数值，因此你可以考虑使用约等号。

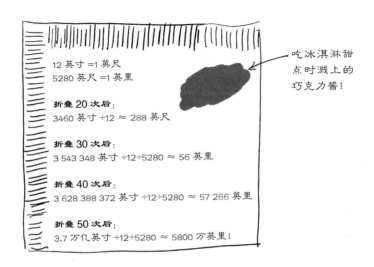

12 英寸 =1 英尺
5280 英尺 =1 英里

折叠 20 次后：
3460 英寸 ÷12 ≈ 288 英尺

折叠 30 次后：
3 543 348 英寸 ÷12÷5280 ≈ 56 英里

折叠 40 次后：
3 628 388 372 英寸 ÷12÷5280 ≈ 57 266 英里

折叠 50 次后：
3.7 万亿英寸 ÷12÷5280 ≈ 5800 万英里！

吃冰淇淋甜
点时溅上的
巧克力酱！

　　经过折叠，纸的厚度快速地增长了——折叠 20 次后，厚度达到了约 288 英尺。等到折叠 50 次后，厚度就能超过 5800 万英里！

　　月球距离地球大约 238 855 英里。因此，当折叠次数在 40 次与 50 次之间时，这张被折的纸就可以到达月球。由于在 57 266 英里（折叠 40 次后的厚度）和 5800 万英里（折叠 50 次后的厚度）之中，238 855 英里（地球与月球的距离）更接近于前者，因此理想的折叠次数应该更接近 40 次，而不是 50 次。多做几次计算后可以发现，在折叠 42 次后，纸的厚度大约为 229 065 英里，距离月球只差那么一点点。但是在折叠 43 次后，纸的厚度会达到 458 130 英里——月球已经被远远抛在身后了。

　　想想这个可能性吧。也许，大家耳熟能详的《鹅妈妈童谣》可以换下歌词了：

嗨，滴答滴答，

小猫拉着小提琴，

奶牛跳过了一张被折了 42 次的纸；

小狗看了哈哈笑，

碟子跟着勺子跑。[①]

如果你在跟孩子道晚安之前，给他 / 她哼唱了这首童谣，你就可以告诉他 / 她，你对他 / 她的爱有一张纸被折叠 42 次后的厚度那么长远[②]，而他 / 她将来也可以靠着自己的推理思维，在人生和数学学习道路上越走越远。

第 3 题

假设你在上午 8 点出门跑步，与此同时，冰箱最里面有一盒快空了的过期奶油乳酪，里面有一个霉菌的孢子。一分钟之后，它的遗传物质翻倍，分裂成了两个霉菌孢子。又过了一分钟，这两个孢子各分裂了一次，因此出现了 4 个霉菌孢子。在你出门跑步的一小时中，孢子每分钟翻一倍的过程不会停止。你回到家里，感到肚子饿了，想吃块涂了奶油乳酪的烤面包，你打开盒子，却发现里面已经长满了霉菌。大约在什么时候，这个盒子里长出了半盒霉菌？8:30 左右？8:45 左右？8:59 左右？

---

① 这首童谣的原文是："嗨，滴答滴答，小猫拉着小提琴，奶牛跳到了月亮上；小狗看了哈哈笑，碟子跟着勺子跑。"——译者注

② 此处原文为 you love them to the height of a piece of paper folded forty-two times and back，是英文俚语 you love them to the moon and back 的变种，直译为"你对他们的爱像往返地球那么远"，意思即为"你很爱很爱他们"。——译者注

第 4 章
阿罗不可能定理：为自己定义成功

在一场评比中，通常需要具有不同偏好的投票者来选出一名优胜者。但投票的规则是什么？在客观条件下，这些规则是否算得上公平？比方说，有个读书小组想决定接下来该读这两本书中的哪一本：霍金的《时间简史》（以 ⏱ 表示）和托妮·莫里森的《宠儿》（以 $\mathscr{B}$ 表示）。读书小组的成员们给出了他们的偏好。

投票者	第一选择	第二选择
安托万	$\mathscr{B}$	⏱
本杰明	$\mathscr{B}$	⏱
卡利奥普	$\mathscr{B}$	⏱
达夫妮	$\mathscr{B}$	⏱
伊迪丝	$\mathscr{B}$	⏱
弗兰克	⏱	$\mathscr{B}$
吉列尔莫	⏱	$\mathscr{B}$
亨丽埃塔	⏱	$\mathscr{B}$
伊内斯	⏱	$\mathscr{B}$

在多票表决的情况下，每人可以为自己的第一选择投出一票。由于 $\mathscr{B}$ 得到 5 票，⏱ 只有 4 票，因此 $\mathscr{B}$ 最终赢得了这场多票表决。在只有两个候选目标的情况下，多票表决是一种有效的投票方式，因为它可以满足投票者中大多数人的愿望。

现在设想读书小组中的一员吉列尔莫决定在投票之前再加一本候选书：大卫·福斯特·华莱士的《无尽的玩笑》（由于原书封面上的云十分具有标志性，因此用 ☁ 表示该书）。假设每个投票者心中的 $\mathscr{B}$ 和 ⏱ 的排名不变，但现在每个人必须为 ☁ 排在第几位做出选择。假定最后投票结果如下。

投票者	第一选择	第二选择	第三选择
安托万	$\mathscr{B}$	⏱	☁
本杰明	☁	$\mathscr{B}$	⏱
卡利奥普	$\mathscr{B}$	⏱	☁
达夫妮	$\mathscr{B}$	⏱	☁
伊迪丝	☁	$\mathscr{B}$	⏱
弗兰克	⏱	$\mathscr{B}$	☁
吉列尔莫	⏱	$\mathscr{B}$	☁
亨丽埃塔	⏱	$\mathscr{B}$	☁
伊内斯	⏱	$\mathscr{B}$	☁

在有三本候选书的情况下，这个小组仍然可以采用多票表决的方式做出第一选择：$\mathscr{B}$ 现在只有 3 票，⏱ 拥有 4 票，☁ 则拥有 2 票，因此，⏱ 赢得了这场多票表决。增加一本候选书并没有让某些小组成员将其偏好从 $\mathscr{B}$ 更改为 ⏱，也就是说，9 人中仍有 5 人喜欢 $\mathscr{B}$ 多过于 ⏱，但这样的投票系统在 ☁ 出现后却让 ⏱ 胜出了。在这个例子中，☁ 被称为"无关选项"。（《无尽的玩笑》的"粉丝"们，对不起！）换句话说，$\mathscr{B}$ 和 ⏱ 的最终排名依赖投票者如何对 ☁ 进

行排名。在一场多票表决中，如果候选目标超过两个，那么无关选项的存在极大地挑战了投票的公正性。

或许，在候选目标超过两个的情况下，在计算投票结果时应该考虑到所有投票者的排名吗？在有些成员阅读了候选书的书评，同时另一些成员表示没有时间参加下次聚会之后，出现了以下这组较之前稍有不同的排名情况。

投票者	第一选择	第二选择	第三选择
安托万	$\mathcal{B}$	☁	⏱
本杰明	$\mathcal{B}$	☁	⏱
卡利奥普	⏱	$\mathcal{B}$	☁
达夫妮	$\mathcal{B}$	⏱	☁
伊迪丝	☁	⏱	$\mathcal{B}$
弗兰克	☁	⏱	$\mathcal{B}$
吉列尔莫	⏱	☁	$\mathcal{B}$

如果采用多票表决的方式决定这组新排名的结果，$\mathcal{B}$ 会凭借 7 票中的 3 票当选第一选择——这是候选书中得票最多的。

但是，读书小组的 7 个成员中有 4 人比起 $\mathcal{B}$ 更喜欢 ⏱，也许胜出的该是 ⏱ 吗？

而且，也有 4 人比起 ⏱ 更喜欢 ☁，所以也许胜出的该是 ☁ 吗？

7 个成员中有 4 人比起 ☁ 更喜欢 $\mathcal{B}$，所以你又回到了 $\mathcal{B}$ 该胜出的原点。

在这个例子中，这种成对的偏好排序形成了"循环"。这种循环可能会出现在分级投票中。此例中的循环可以用下页图表示。

如果分级投票系统中出现了循环，这就意味着此轮投票没有赢家。就像多票表决中可能出现的无关选项一样，分级投票中的循环同样挑战了投票的公正性。

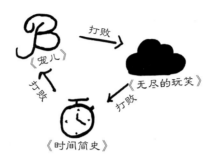

除了以上这两种，还有其他的投票方式——有些结果取决于排名，有些则不会。

- **两轮决选制**。选民给所有的候选者排序。如果有一名候选者取得过半的第一选择票数，则该候选者胜出。如果没有候选者取得过半的票数，则留下取得最多第一选择票数的两名候选者，其余候选者淘汰。然后，用决选的方式在这两名剩下的候选者中决定谁是最终的胜出者，即让所有选民针对这两名候选者再投一次票。注意，如果选民在第一轮投票中给出了偏好排序，则无须再次进行决胜，结果取决于第一轮投票的偏好排序即可。

- **排序复选制**。选民给所有的候选者排序。如果有一名候选者取得过半的第一选择票数，则该候选者胜出。如果没有候选者取得过半的票数，则得到第一选择票数最少的候选人被淘汰，同时，保留所有其余候选者的排名顺序。以此类推，直至有候选人取得过半票数。最后，得到过半票数的候选者胜出。

- **波达计数法**。选民给所有的候选者排序。在每张选票上，按排在其后面的候选者个数为该候选者计分。排名越高，分数也越高。将所有选票累计下来，获得最高分的候选者获胜。

- **独裁制**。在独裁制的投票系统下，唯一一人选择一个候选者，该候选者胜出。

在这么多种不同的投票方式中，应该如何选择最公平的方式呢？

数学家、经济学家肯尼思·阿罗考虑了如何将个人选民的选票集合转化成一个团体的单一排名决策。对于有着 3 个或更多候选者的情况，他确定了一个公平投票系统应该拥有的标准 [5]。

1. **泛域**：投票系统应始终列出所有候选人的排名。
2. **一致通过**：如果所有的选民都喜欢候选人 X 多于候选人 Y，那么在最终投票结果中，X 的排名应比 Y 高。
3. **独立于无关选项**：在最终投票结果中，候选人 X 与候选人 Y 的相对排名不应取决于候选人 Z。

阿罗证明了在有 3 个或 3 个以上的候选者的情况下，唯一公平的投票系统是独裁制。也就是说，这个所谓的选民"群体"有且只能有一人来选出最后的胜出者。在候选者有 3 个或 3 个以上时，你无法保证在不违背上述至少一项标准的情况下将个人选民的偏好转换为团体偏好。换言之，当你选择独裁制以外的投票方式时，你就是在选择一个关于公平的已知问题。阿罗的这一结果现在被称为阿罗不可能定理，他因此获得了 1972 年的诺贝尔经济学奖。

由于阿罗不可能定理清晰地表达了，除了独裁制外不存在任何公平的选举制度，你有充分的理由担心政治选举的公正性。尽管如此，该定理还是为我们在数学和生活中如何定义"成功"提供了一个很好的思路：如果你曾经担心在数学或生活中取得成功的人选已被"投票"确定了，而且你不是最后的那个赢家，那么你应该重新评估你的投票方式，而不是自暴自弃。定义成功有很多种"候选"方法。不妨让你自己的选票成为唯一能定义你的成功标准的那一张。这样，阿罗不可能定理可以向你保证，至少对所有作数的投票者 ① 来说，最后胜出的那个定义是公平的。

---

① 就！是！你自己！——译者注

第 4 题

假设一场选举中有五个候选人：A、B、C、D 和 E。选民给所有候选人排了序。最后的结果（从美国数学学会获得[6]）如下。

候选人顺序（第一、第二、第三、第四、第五名）	列出该顺序的选票数
（A、D、E、C、B）	18
（B、E、D、C、A）	12
（C、B、E、D、A）	10
（D、C、E、B、A）	9
（E、B、D、C、A）	4
（E、C、D、B、A）	2

分别用多票表决制、两轮决选制、排序复选制和波达计数法决定胜出者。你认为一场选举的结果是由选民偏好的基本事实决定的，还是由投票方式决定的？

第 5 章
像凯瑟琳·约翰逊一样，伸手摘星

"我们决定在这十年间登上月球，并实现更多梦想，并非因为做到这些轻而易举，而正是因为实现它们困难重重，因为这一目标将促进我们组织并衡量我们最强的能力和技术，因为这是我们乐于接受的挑战，也是我们不愿推迟的挑战。"美国前总统约翰·F. 肯尼迪于 1962 年在得克萨斯州的一场讲话中如此说道 [7]。他的目的是鼓励美国人民乃至全世界来支持美国国家航空航天局（NASA）的阿波罗计划。该计划旨在首先完成一系列外太空旅行，最后在十年结束前成功登上月球。

宇航员约翰·格伦被选中参加 1961 年绕地球飞行的一个阿波罗任务。NASA 的工程师和数学家除了其他的任务外，还负责确保宇航员安全返回。航天器返航时通常以一定角度接近地球，以避免燃烧或被高重力（符号为 G）压碎。因此，航天器的返航目标并未设在地球上，而是设在大气层中的一个叫作"近地点真空高度"（vacuum perigee altitude，简称 VPA）的点。VPA 不是大气层中固定的某个点，它的位置是由航天器进入大气层的角度决定的。明确地说，VPA 是航天器的返航轨迹进入大气层后最接近地球的点。

如果地球没有大气层，航天器的轨迹会让它直接经过 VPA，保持当前的冲力，从而飞过地球，航天器在耗尽氧气和燃料前都没有希望再回来 [8]。

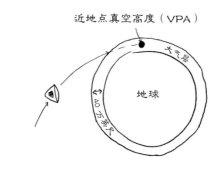

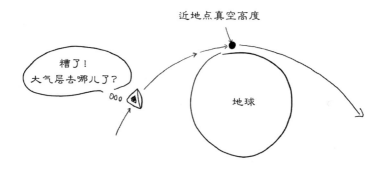

谢天谢地，地球拥有大气层。因此，航天器可以凭精准的角度重新进入大气层，经受着阻力——大气层与航天器之间的摩擦力——通过 VPA。只要格伦能够精确地完成这一程序，阻力就可以保证他不会飞过地球。

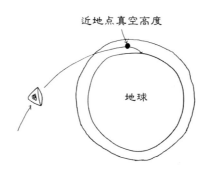

但是，如果格伦只依靠阻力来操作他的航天器的话，他的返航通道就太窄

了，无法确保他安全返回 [8]。

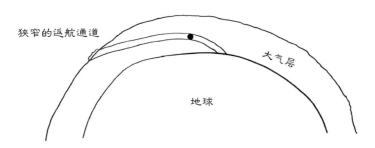

　　也就是说，如果只依靠阻力，航天器的位置很可能会低于所需的返航通道，使它与其中的机组人员受到致命重力的压迫，航天器也可能在途中燃烧殆尽。

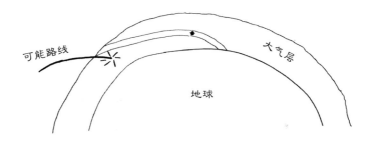

　　又或者，如果航天器的位置高于所需的返航通道，那它将永远无法到达VPA，而是进入茫茫太空，永远不会返回。

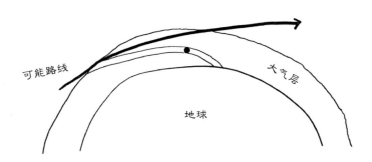

为了拓宽确保安全的返航通道，NASA 的数学家和工程师在设计航天器时让它具有气动升力[8]。为了得到这种升力，阿波罗飞船需要采用它那看起来有点儿怪的圆锥形的标志性外形。当航天器开始重新进入大气层时，人们认为它会以强大的力量撞击大气层。根据牛顿第三运动定律，即每一个作用力都有一个大小相等、方向相反的反作用力，大气同样会对航天器施以巨大的压力。如果大气迎面撞上的是航天器较宽的那头，航天器就可以受到能降低其速度的阻力，同时仍能保持自己的轨道。

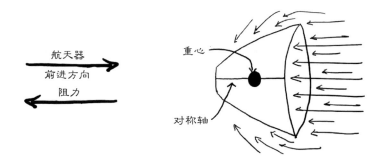

但如果航天器的重心偏离了它的对称轴，撞击较宽那端的空气会被不均匀地反射。假设重心比对称轴要高，更多的空气会被向下反射，造成气动升力[8]。

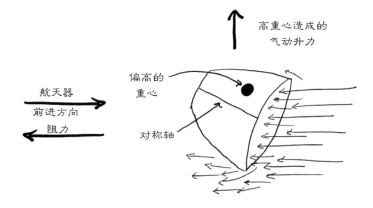

如果航天器的重心比对称轴低的话，更多的空气则被向上反射，航天器就

会被往下推[8]。

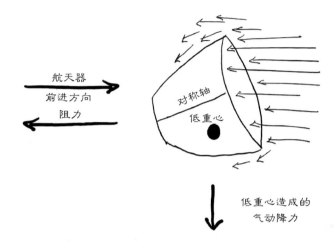

如果宇航员想要改变方向,他们可以滚动飞船以使其重心比对称轴高或低[8]。

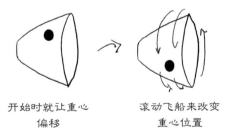

有了这个设计特点,宇航员在进入大气层的时候不仅可以控制航天器的移动,还能在移动时使用误差容忍度更大的返航通道。

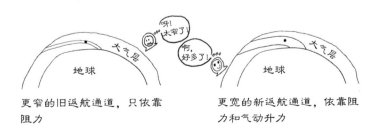

格伦的阿波罗任务开始不久前，NASA 刚刚从人力计算过渡到使用 IBM 7090 计算机来计算航天器的轨道 [9]。尽管格伦在飞行前向媒体和公众表达了他对成功完成任务的信心，但一想到把自己的性命交给一个没有感情的计算机，他还是有些犹豫。更何况在返航时，他会暂停与地面的控制中心的通信，从而中断联系。

"让那个女孩儿验算一下吧。"格伦要求 NASA 的工程师验算的是 IBM 7090 计算得出的轨道数据 [9]。"如果她说数据没问题，那我也就没问题了。"他补充道 [9]。格伦口中的女孩儿就是在 NASA 位于美国弗吉尼亚州汉普顿的兰利研究中心工作的计算员与数学家凯瑟琳·约翰逊。

约翰逊生于 1918 年西弗吉尼亚州的白硫磺泉镇，她是一名非洲裔女性。她的家庭非常重视她与其他三个孩子的教育。由于当时她所在的城镇没有招收非洲裔学生的高中，为了让孩子们继续上学，母亲带着她和她的兄弟姐妹搬到了学院镇，父亲则留在原地工作。约翰逊 10 岁就进入高中，14 岁入读传统黑人大学西弗吉尼亚学院，并学习数学与法语，18 岁就大学毕业了。她当了一阵子老师，也组建了家庭，然后才开始在 NASA 的前身——美国国家航空咨询委员会从事计算员和数学家的工作。开始时，她在仅有黑人员工的西部计算部门工作，之后，她在全部为白人员工的飞行研究部门担任了一个临时职位，随后很快就转正了。

所有人都等待着约翰逊验算格伦返航数据的结果。很多年后，美国前总统奥巴马在 2015 年向她颁授美国最高的平民荣誉——总统自由勋章时说道，她的工作"意味着忘记一次进位就可能会让某个人永远漂浮在太阳系中" [10]。验算花了很多天，最后她认为数据是准确的。格伦进入了太空，也安全地回来了。这是美国在冷战期间的太空竞赛中取得的一场"胜利"，而这场胜利很大部分要归功于凯瑟琳·约翰逊的数学思维。

几年后，美国牧师、社会人权运动家马丁·路德·金站在林肯纪念堂的台阶上向世界讲述了他的梦想。不论当时还是现在，美国仍需要持续努力，向着性别和种族平等的目标迈进。尽管障碍重重，凯瑟琳·约翰逊坚持她对数学的热爱，向当时社会中的性别和种族歧视发起了挑战。

"我数过一切。我数过到路旁要走几步，到教堂要走几步，我洗了多少盘子和银餐具……凡是能数的，我都数过。"[11]约翰逊曾经如此诉说了她童年时对数字的浓厚兴趣。不管是从字面还是从引申意义上来说，这份热爱都激励了她伸手够向那片璀璨的星空——你在追求人生和数学的道路上也应像她一样。

第 5 题

牛顿第三运动定律（即每一个作用力都有一个大小相等、方向相反的反作用力）在阿波罗飞船重返大气层时发挥了作用。你在划船时，这条定律同样也在起作用。思考一下，这条定律在划船时是如何起作用的？

第6章
二进制与计算机：找到正确的搭配

也许，拥有十根手指的人类天生倾向于使用十进制的计数系统。这一系统里的十个数字都具有其唯一的符号——0、1、2、3、4、5、6、7、8 和 9。为了表示比 9 大的数，这十个数字可以在"位值制记数法"中被重复使用。也就是说，每个数字根据位置不同代表了 10 的不同幂次方。比如，572 表示 5 个一百加上 7 个十，再加上 2 个一。换个方式说，572 是以下式子的缩写：

$$572 = (500) + (70) + (2)$$
$$= (5 \times 100) + (7 \times 10) + (2 \times 1)$$
$$= (5 \times 10^2) + (7 \times 10^1) + (2 \times 10^0)$$

由于十进位值制记数法基于数字的位置，因此 572 和 527 表示不同的数。在位值制记数法里，你可以写下任意大的数。

假如需要计数系统的不再是拥有十根手指的人类，而是一台计算机呢？大多数计算机基于晶体管设备，这些晶体管用于控制电信号通过或不通过。因此，我们可以认为每个晶体管都处于两种状态之一：关或开。这两种状态可以分别用数字 0 和 1 来表示。于是，一个以 2 为基数的记数法（被称为二进制）相对于十进制来说更适合计算机。但是，二进制具体是什么样的？

二进制只能用 0 和 1 来表达数。写二进制数的方式与写十进制数的方式非常相似，但每个位置上的数字被用来表达 2 的幂次方，而非 10 的幂次方。由于只有 1 和 0 两个数字，因此在二进制里没有倍数——要么 2 的某次方在这个数里出现，要么就没有。因此，你可以把二进制数里每个位置上的数字想象成一个被仔细摆好位置的电灯泡，上面标好了它们所代表的 2 的幂次方。

在一个既定的二进制数中，每个"1"或"0"告诉了你在那个位置的灯泡是开还是关。比如，二进制数 10011 表示从右往左数第一、第二和第五个灯泡是开着的，其他则是关上的。

或者，你也可以用十进制来表示 2 的幂次方并标记灯泡。

啊哈！ 10011 在十进制里就是 16 + 2 + 1 = 19

你也同样可以用灯泡序列来把十进制数转换成二进制数。首先，把标有十进制 2 的幂次方的灯泡按顺序摆好。

假设你要用二进制来表示十进制里的 43，现在需要找出上面标记着最大且不超过 43 的数的灯泡。

太大了
64 > 43

← 在这儿写个"1"来表示灯泡亮啦

在"点亮"标记着"32"的灯泡后，可以将 43 视为 32 加上 11。

接下来看一下，你可不可以用 32 后面的那个灯泡来表示 11 这个数。后面的灯泡上写着"16"，16 比 11 要大。因此，把标记着"16"的那个灯泡"关上"，在下面写个二进制数 0。

太大了　1　0

再看接下来的灯泡：8。因为这个灯泡上的数比你需要的 11 小，你可以把它"点亮"。现在，你知道 43 是 32 加 8，再加 3。

太大了　1　0　1

因为接下来标着 4 的灯泡比 3 大，你应该"关上"这个灯泡，并在底下写上 0。

为了表示 3 这个数，接下来的两个标着 2 和 1 的灯泡都是你所需要的。点亮它们，在底下写上"1"。

在一番努力之下，你成功地写出了一个二进制数。也就是说，十进制的 43 在二进制下可以表示为 101011。虽然这种写法在习惯了十进制数的人类看来可能有些笨拙，但这正是确保我们的计算机和互联网日常运作的正确选择。

有这么一个古老的数学笑话：这世上有 10 种人，一种懂得二进制，另一种不懂得二进制。只有懂得二进制的人才看得懂这个笑话：数字"10"在这里应被解读为二进制里的"一零"，而非十进制里的"十"。用灯泡的方法，不难看出二进制的数字"10"和十进制里的数字 2 是一样的。

你不妨把这个笑话翻译成十进制：这世上有 2 种人，一种懂得二进制，另一种不懂得二进制——但笑话的笑点就消失了。

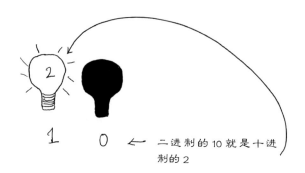

二进制的 10 就是十进制的 2

学习十进制与二进制互译，要比学习西班牙语与法语互译简单得多。你不需要背单词，也不需要学习不规则动词变位。不管你偏好采用灯泡的方法还是更正规的方法，即形式符号在记数法之间的相互转换，你都应该努力上一个高度，发现"说"不同数字语言的价值。你不光会听懂"世上有几种人"这个笑话，也将积累经验，在数学学习中做出正确的选择。

第 6 题

a. 用二进制表示十进制数 141。

b. 用十进制表示二进制数 111100111。

第 7 章
本福特定律，顺其自然

数学家们有一个屡试不爽的方法，可以在人为生成的数据集中识别欺诈行为。政府可以用这种方法来找出偷税漏税的人，律师们用它来揭露更改企业记录的会计，标准化测试管理员们用它来鉴别作弊的学生和改动了学生答案的老师，选举监督员用它来发现选举欺诈。这个方法叫作本福特定律，可以识别那些试图篡改描述人类活动的数据的现象。

生活中总会产生可以存放到数据集内的数。这些数据集关系到方方面面，比如健康记录、人口统计、报税、股价、国债、选举数据、死亡率、《纽约时报》文章中的数字、体育数据、街道地址、水电使用量、账单，等等。在这些自然产生的数据中，数的第一位数字并不是均匀分布的，也就是说，在人类使用以及产生的数据中，以 1 或 2 开头的数远比以 8 或 9 开头的数要多。多了多少呢？本福特定律预测的百分比如下：

- 第一位数字为 1 的概率为 30.1%；
- 第一位数字为 2 的概率为 17.6%；
- 第一位数字为 3 的概率为 12.5%；
- 第一位数字为 4 的概率为 9.7%；
- 第一位数字为 5 的概率为 7.9%；

- 第一位数字为 6 的概率为 6.7%；
- 第一位数字为 7 的概率为 5.8%；
- 第一位数字为 8 的概率为 5.1%；
- 第一位数字为 9 的概率为 4.6%。

具体来说，1 最常出现在第一位。然而，随着数的递增，它出现在第一位的概率却在递减。

你可能认为，在一个随机的数据集中，任何一个数字出现在第一位的概率应该是均等的——这对于顺序型的数据可能是成立的，比如发票号码、邮政编码或是电话号码。但是，由人类行为产生的较大的数据集却经常具有符合本福特定律的特征。当然，本福特定律仍有一些必须满足的条件。要应用这条定律，数据必须跨越某个数量级。比如，商用航班通常承载 20 到 500 人——这些数对本福特定律来说就太小了。但是，当数据集满足数量级和非顺序型这两个条件时，本福特定律在美国刑事法院是可以作为证据提交的。如果应用得当，本福特定律经常可以揭示异常的人类活动。

为什么本福特定律能在人类生成的数据集中起作用呢？有一种解释是人类更经常与比较小的数字打交道。举个例子，一个城市的人口从一百万涨到两百万需要很长的时间，因为这相当于人口增长了 100%；但是，当一个城市的人口从八百万涨到九百万时，这相当于人口只增长了 12.5%，用的时间会相对短很多。

许多罪犯不知道本福特定律的存在。当有人故意改动自然生成的数据集时，他们经常会插入第一位数字上 1～9 分布都比较均匀的假数据。一旦人类生成的数据集中出现这样第一位数字分布均匀的数据，这就是一个值得深究的统计学异常。这个异常并不一定就是欺诈的证据，但是，如果某些数字（比如 7）出现的比例过高，就很可疑了。通常，随后的调查会表明有人篡改了数据集。经济学家在回顾 21 世纪初（希腊发生金融危机前）的欧盟宏观经济数据时，就发现希腊的数据是所有欧盟成员国中偏离本福特定律最多的[12]。当然，也有相当精明的罪犯。伯尼·麦道夫——麦道夫投资证券的庞氏骗局背后名誉扫地的金融家——就拥有近乎完美的伪造财务单据。这些数据与本福特定律之间的匹配程度几乎完美——甚至可以说是过于完美[13]。

本福特定律还带来了其他的惊喜——这条定律也适用于有关物理量的自然数据集，比如山峰的高度、河流的面积、震源深度和温室气体的排放。

不论是数学上还是生活中，若是不做真实的自己，你在别人眼中就有可能像不符合本福特定律的假数据一样虚假。当你表现自然的时候，你能更好地用诚实的方式与世界互动。不懂就问，力所能及时就主动帮别人一把。不用过度思考到底什么才算"表现自然"。做自己就好，不管完不完美。

第 7 题

在社交媒体平台上，用户都有一定的"粉丝"数量①。假设 78 304 个用户的"粉丝"数量的第一位数字如下：

- 1 作为第一位数字出现了 25 892 次；
- 2 作为第一位数字出现了 13 689 次；
- 3 作为第一位数字出现了 9778 次；
- 4 作为第一位数字出现了 7431 次；

---

① 这个问题的灵感来自计算机科学家珍妮弗·高贝克发表的题为《本福特定律在社交网络上的应用》（"Benford's law Applies to Online Social Networks"）的研究。此研究于 2015 年 8 月 26 日发表于《公共科学图书馆：综合》（PLoS One）期刊上[14]。高贝克观察了 78 225 名 Twitter 用户粉丝数量的第一位数字，以及其他社交平台上的数据，包括 Facebook、Google Plus、Pinterest 和 LiveJournal。她注意到除了一个数据集，其他所有数据集都非常接近本福特定律。唯一不符合本福特定律的数据集来源于一个后台更改了用户行为的社交媒体平台。由于高贝克博士的论文中没有出现具体数字，这个问题里出现的数字是基于论文中的条状图粗略估计得到的。

- 5 作为第一位数字出现了 5869 次；
- 6 作为第一位数字出现了 5085 次；
- 7 作为第一位数字出现了 3911 次；
- 8 作为第一位数字出现了 3520 次；
- 9 作为第一位数字出现了 3129 次。

这个数据集是否符合本福特定律？

第8章
根据混沌理论，拒绝互相比较

　　1961 年，美国麻省理工学院的气象学家爱德华·洛伦茨从事着长期气象预测的研究，当时，大多数科学家认为宇宙是符合牛顿学说的。艾萨克·牛顿认为，只要数学家和科学家们拥有了足够多的数据，他们就可以通过如发条般精准的可预测性来充分理解这个世界。因此，洛伦茨孜孜不倦地收集了很多数据——温度、气压、风速及其他和天气相关的变量，再用这些数据制作了一个用于长期气象预测的数学模型。他根据这个模型编写了计算机程序，模拟了几个月的天气。计算机根据前一时刻的指标计算新的天气指标。时间流逝，洛伦茨的计算机屏幕上的变量图随着这些指标上下浮动。之后，洛伦茨决定利用同样的初始条件再跑一遍这个模拟程序。在让计算机重新开始模拟之后，他就站起身去喝了一杯咖啡。当洛伦茨回来时，他点燃了一场科学革命。

　　这次重复模拟产生的图表与第一次模拟产生的图表完全不同。起初，洛伦茨完全不能理解这是为什么——重复模拟输入的模型初始条件和第一次是一模一样的。但他很快就意识到，计算机在内存中存储了小数点后六位的值，但最后，它只显示了小数点后的前三位数字。当洛伦茨为重复模拟输入初始值时，他用的是计算机显示的数值。计算机显示的数值 0.056 000 和真实的数值 0.056 127 之间的差别并不大，甚至完全可以忽略。但这初始条件上的微小差别在程序运行模型时被逐渐放大了，最后导致了完全不同的结果。初始条件上小于 0.1% 的误差与观察数据时可能产生的误差相当。洛伦茨意识到，气象学家如果想以合理的准确度长期预测天气，他们就必须以根本无法达到的精确度来收集和输入数据。洛伦茨发现了当今所谓的"混沌理论"，并同时瓦解了牛顿宇宙这一概念。

后来，洛伦茨在1972年的美国科学促进会上发表了一篇题为《可预测性：一只远在巴西的蝴蝶振动翅膀能不能在美国得克萨斯州引发飓风？》的论文。在演讲时，他用"蝴蝶效应"这个词来形容一个对初始条件高度敏感的动态系统。洛伦茨是否从作家雷·布雷德伯里写于1952年的短篇小说《一声惊雷》（*A Sound of Thunder*）中得到了使用这个词的灵感？小说主人公回到了恐龙时代，不小心踩到一只蝴蝶，从而改变了历史进程。无论如何，"蝴蝶效应"一词最后成功"出圈"，成了流行文化的宠儿。在1993年的好莱坞大片《侏罗纪公园》中，片中人物伊恩·马尔科姆博士想通过解释"蝴蝶效应"给埃莉·萨特勒博士留下个好印象——尽管人家也是科学博士，而且很可能早已对混沌理论有所了解。美国播放时间最长的动画情景喜剧《辛普森一家》也曾讨论过蝴蝶效应。

不是所有系统都是混沌的。比如，一个单摆或一个在秋千上的孩子就遵循着高度可预测的路径——不管他们从哪里开始，总会在同一轨道上来回摆动。

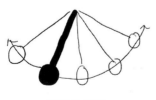

摆动的单摆　　　　　　　　　　　秋千上的孩子

但双摆的路径是混沌的。在一个单摆上系上另一个单摆形成的就是双摆。在下页的两张图中，你可以看到两个同样的双摆。但是，左图中双摆的初始位置和右图中双摆的初始位置之间有着很小的不同。

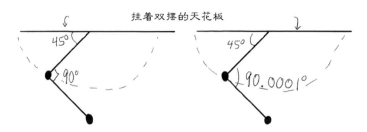

无论上摆从哪里开始摆动，它都会沿着可预测的轨迹运动

双摆的上摆像单摆一样，会以可预测的方式行动。它就像秋千上的孩子一样来回摆动。但是，正如下面两张图显示的，下摆的运动轨迹就像每片雪花一样独一无二。

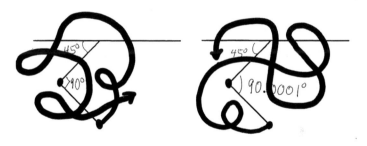

下摆的初始条件哪怕有一丁点儿不同，它的轨迹就会变得完全不一样

当你设置双摆的摆动时，你就该知道结果会是混沌的。

你的数学学习经历和人生轨迹与单摆和秋千上的孩子相比要复杂得多。就像双摆的轨迹一样，你的轨迹也是独一无二、对初始条件高度敏感的。在数学学习中，假设你和你的朋友的初始条件是一样的——也许你们同时打开了同一本书，或参加了同一门课程。当数学和你们的人生经历不断交互时，你们也许会朝着同一目标努力，也许会分道扬镳。在数学学习中，一位朋友也许会陪伴着你，直到你了解了他／她能教给你的一切。但是，当与朋友一起学习、工作时，不必比较你们的数学路线。混沌就是混沌，随它去吧！

第 8 题

假设有两群老鼠，它们的"鼠口"都会每年翻一番。在开始时（"第 0 年"），这两群老鼠的"鼠口"很相近，但不完全一样：鼠群 A 有 20 只老鼠，鼠群 B 有 22 只老鼠。每群老鼠的数量每年都会翻一番。老鼠们的寿命都是两年。假设每年都是新老鼠先出生，然后到达寿命极限的老鼠再死亡。在十年后，A 和 B 两个鼠群的老鼠数量会不会有很大的不同？

第9章
像阿基米德一样，多观察生活

公元前 3 世纪，锡拉库萨的国王希罗二世正担心着一件事情：他的金匠可能把王冠中的一部分黄金换成了白银。于是，他向数学家阿基米德请求帮助。阿基米德知道银的密度比金要小，因此，他需要得出王冠的体积，然后计算出同样体积的纯金块的重量。如果国王的王冠比同体积的纯金块的重量轻，那就能知道，王冠的黄金中必定掺了假。如果两者重量相同，那么王冠很可能就没问题。但是，王冠的形状这么不规则，阿基米德要怎么求出它的体积呢？阿基米德一直思考着这个问题，哪怕他踏进公共浴室的时候也没有停止。当他踏进水里时，他注意到浴缸的水位上升了。然后他意识到，溢出来的水的体积就等于他进入水中的身体的体积。据传说，阿基米德立刻跳出了浴缸，赤裸着身子一路跑回家，一边跑一边大喊着："Eureka！"（"我发现了！"）

数学激发了阿基米德的想象力。在思考了抛物线（U 形曲线）的性质之后，他设想了一种可以被称为最早的"死亡射线"的东西：让一支队伍中的每一个士兵都手持一面大镜子，以此把阳光反射到已知涂着易燃油漆的即将来临的木船上。当太阳出现在地平线上时，这支队伍以抛物线的形状在岸上排开。这样，太阳的光线会直接照射在他们身上。阿基米德意识到，光线会被沿抛物线排列的镜子反射并通过同一个点，即抛物线的"焦点"。如果以木船为焦点，当太阳光线的能量足够大时，木船就可能被点燃。

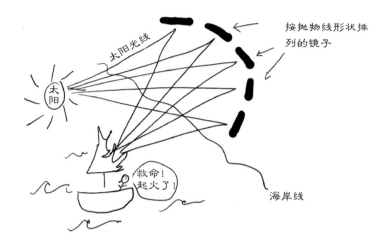

阿基米德是不是通过观察跷跷板上的两个小孩想到了杠杆原理呢？也许吧！两个体重相同且与跷跷板中心（支点）距离相等的小孩可以轻松地让跷跷板上下起伏。然而，如果跷跷板一端坐着一头大象，另一端的小孩想要让大象上升，那他就要坐得离跷跷板的中心很远很远（假设跷跷板足够长）。阿基米德发现了能解释杠杆这一属性的数学公式。但是，他没有把这个公式写在笔记本里让它尘封。相反，他给希罗二世写了一封信，其中就有这句充满诗意的名言："给我一个支点，我就能撬动地球！"阿基米德当时是不是想站在一个（密度极大的）小行星上，用一根杠杆来撬动地球呢？

非按比例绘制

对阿基米德来说，数学既是工作，也是娱乐。他比其他人更早懂得"无穷"并不等同于一个"很大的数"。为了论证自己的观点，他估算了一粒沙的体积，并提出了"宇宙（当时，人们认为宇宙的边缘是由星星限定的）中能容下多少粒沙"的问题。首先，由于当时已知最大的数是一亿，阿基米德必须发明一种表示大数的新方法。之后，他宣称宇宙中可以容纳很多沙粒——根据他的计算，大约是 10^{63} 粒 [15]——但这仍是有穷的，并非无穷。为了论证"很大的数"并非"无穷"这一微妙但重要的观点，他提出了一个比之前任何其他数都要大的数。

不管阿基米德身处何地，他活着的每时每刻都在研究数学。数学对他来说就像呼吸一样，是维系生命的重要动力。如果你曾经担心自己的生活方式导致你没有时间完成数学学习或其他的人生目标，不妨想想阿基米德。他在浴缸里、星空下、沙滩上都思考着数学。事实上，有一次，他在沙滩上思考着一个和圆有关的数学问题。当时第二次布匿战争已经打响，阿基米德却毫不在意，他捡起一根棍子，一边思考，一边在沙滩上画着圆圈。很快，一个士兵走过来并打断了他。阿基米德担心士兵会踩到他画的圆圈，于是大声斥道："Noli turbare circulos meos！"（"别打扰我的圆圈！"）这是阿基米德生前的最后一句话——那个士兵之后就杀了他。阿基米德至少在死前仍做着自己喜欢的事情。

第 9 题

去散个步，或者去办一件你待办事项清单上的杂务——越单调越好，比如打扫、洗衣服或者喂狗。在这段时间里，寻找周围存在着的数学——那些让你能思考重量、体积、位移、角度、平行光线、反射角度、抛物线、地平线、曲率、杠杆、支点、大小数、无穷或者任何你所观察的事物能启发的数学概念。以玩耍的心态来进行这项练习——本题没有正确答案，有的只是不同深度的思考。

第 10 章

在哥尼斯堡的桥上，一步步走出答案

在 18 世纪，生活在普鲁士哥尼斯堡（现俄罗斯加里宁格勒）的人们非常喜爱在这座美丽的城市中散步。普列戈利亚河穿过哥尼斯堡，河中心有两座小岛——克内普霍夫岛和隆塞岛。这两座小岛由七座桥和主城区相连，如下图所示。

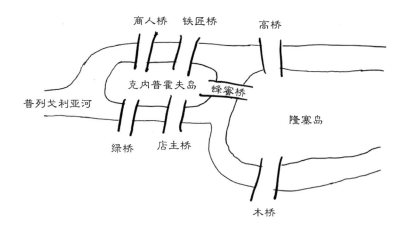

传说记载，这座城的居民喜欢寻找一条散步的路径，以便从某个地方开始，只穿过每座桥一次，然后返回起始的地点。下页图是他们可能尝试过的一些路径。

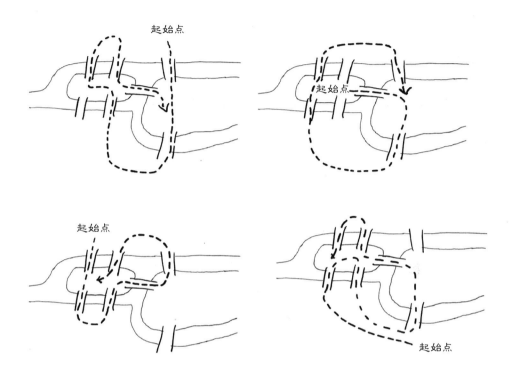

没有一位居民能成功地找到这条理想的路径，因此，很多人认为它根本不存在。哥尼斯堡附近一座城市的市长和数学家莱昂哈德·欧拉讨论起了这道难题。之后，欧拉在给他同为数学家的朋友乔瓦尼·马里诺尼的信中提到：

这个问题看起来平平无奇，但在我看来，几何、代数，甚至计数都不足以解决它。有鉴于此，我想知道它是否属于莱布尼茨曾经念念不忘的位置几何学（geometriam situs）。因此，在我思考了一段时间后，我获得了一条简单却圆满的规则——借助这条规则，我们可以立即决定在所有类似问题中，不管桥的位置如何，最后有无可能得到一条成功回到原点的路径。[16]

欧拉在这里提到的"位置几何学"在当时并不存在，而现在这门学科叫作"图论"。哥尼斯堡的七座桥帮助欧拉和城中的居民们一步步解决了过桥的问题，并开拓出一个源于莱布尼茨的灵感的全新数学分支。这种与情景相关的几何学与距离、大小、角度都毫无关系，但与位置的分布有关。也就是说，岛与河的大小、桥的长短都与问题无关。而这个问题只需要考虑岛与河岸的数量，以及连接它们的桥梁是否存在。

如今，图论家会用所谓的"图"来建模哥尼斯堡七桥问题。一张图由一些被称为"顶点"的点和连接这些点的被称为"边"的线组成。边包含了有关路径、连接或关系存在的信息，但不包含这些连接或关系的距离或强度。比如说，如果用点来表示哥尼斯堡的每块陆地，用线来表示每座桥，这个图可能看起来像下图这样。

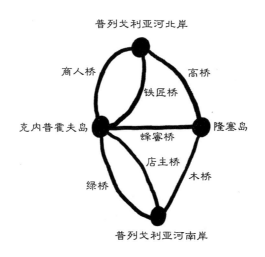

另一个图论家可能会用另一张完全等同的图来描述完全相同的哥尼斯堡七桥问题（见下页上图）。

当然，数学家们更喜欢用变量代替长长的桥名，以得到更整洁的图。因此，你可能会用"A"来表示普列戈利亚河北岸，用"B"来表示克内普霍夫岛，用"C"来表示隆塞岛，用"D"来表示普列戈利亚河南岸（见下页下图）。

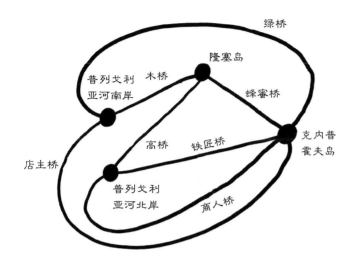

记住：这张图里的哥尼斯堡的七座桥和上页图中的完全等价！

下面这张简图表达了每块陆地与连接它们的桥的位置信息，但没有表达每块陆地的大小或桥的长度。事实上，图与地图的另一个不同之处在于，图不能表达任何关于方向的信息。因此，你不能由下面这张图得出克内普霍夫岛在隆塞岛的西边的结论。

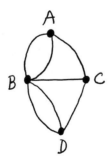

用如今的图论语言来说，哥尼斯堡的居民们想要知道的是，在一张包括了城市中的桥和陆地的图中，包不包含一条所谓的"欧拉回路"。欧拉回路是一条从图的某一顶点（图上的某个点）开始，经过且仅经过所有边（图上的线）一次，最后回到起始顶点的路径。值得注意的是，虽然只能经过每条边一次，但

可以多次经过某个顶点。

　　小时候，我和同学们很喜欢玩和图相关的游戏，尽管那时我们并不知道自己玩的东西叫什么。一个特别流行的游戏是让一个同学一笔（笔不离纸）画出一个像上面打着 X 的房屋的图形。

　　当时，我成功地找出了一笔画出这个图形且仅通过每条边一次的画法。但是，我找不到一种让终点与起点为同一个顶点的画法。用图论的语言来说，这条路有一条欧拉路径，却没有欧拉回路。

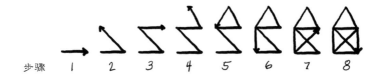

步骤　1　2　3　4　5　6　7　8

　　欧拉的直觉告诉他，这个"平平无奇"的哥尼斯堡七桥问题有着开启一个全新数学领域的潜力。在解决这个问题的时候，欧拉想要找的是拥有欧拉回路的图所具有的特征。首先，图必须是连通的。如果一张图不是连通的，那么该图的一部分与另一部分就没有边来互相连接，结果就是：必定没有一笔画出这张图的办法。

所有这些图形组成了一张（未连通的）图

当然，就像"打着 X 的房屋"的例子所展示的，不是所有连通的图都有欧拉回路。欧拉也注意到，每当一条路径通过一个顶点时，它会用到两条边。

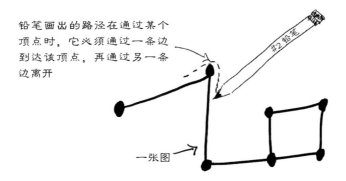

铅笔画出的路径在通过某个顶点时，它必须通过一条边到达该顶点，再通过另一条边离开

#2 铅笔

一张图

意识到这一点后，欧拉得出了结论：在拥有欧拉回路的图中，所有顶点都必须具有偶数条边。例如，我童年时画的那张"房屋图"里有一个有两条边的顶点、两个有三条边的顶点，以及两个有四条边的顶点。

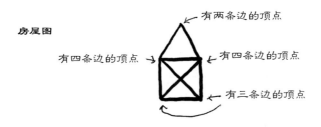

房屋图

有两条边的顶点

有四条边的顶点　→　有四条边的顶点

有三条边的顶点

由于这张"房屋图"中不是所有的顶点都有着偶数条边，因此这张图没有欧拉回路。

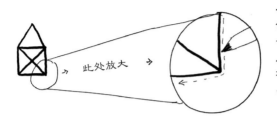

一个有三条边的顶点：
你的铅笔可以到达这个顶点然后离开，之后还能再到达一次……但这次就卡住出不来了

描述哥尼斯堡七桥问题的图就是一张连通图，因此它的确可能拥有欧拉回路。但可惜，这张图有一个有五条边的顶点和三个有三条边的顶点。因为图中存在有奇数条边的顶点，所以这张图并没有欧拉回路。

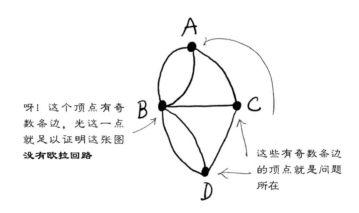

呀！这个顶点有奇数条边，光这一点就足以证明这张图**没有欧拉回路**

这些有奇数条边的顶点就是问题所在

也就是说，在哥尼斯堡老城中，没有能仅穿过每座桥一次而后返回起始点的路线。

最后，欧拉成功地证明了，上述两个条件不光是图拥有欧拉回路的必要条件，同时也是充分条件。换句话说，如果一张图拥有欧拉回路，那么这必定是一张连通图，且其中每个顶点都有偶数条边。

如今，计算机科学家利用图论对网站之间的连接乃至整个互联网进行建模。神经科学家用图论来理解大脑的架构。在社交媒体上，人与人之间的关系同样也能用图来建造模型。

　　图论也是电子病历和基因组测序中要用到的数学知识。城市规划师建模交通，生物学家建模疾病传播，社会学家建模谣言传播路径，都要用到图论。人类是幸运的——哥尼斯堡的居民们通过一步步"走出"的实验解决了他们的数学难题。下一次，你在人生或数学中遇到难关时，不妨考虑一下像这样一步步地解决自己的问题。你永远不会确切知道，自己的努力能得到什么样的收获。

第 10 题

　　假设某座小岛上有一家快递公司，想找到一条路线，好让快递员在不走回头路的情况下，利用每一条路通过 A、B、C、D 和 E 这五个地点。到底有没有这样一条路线呢？

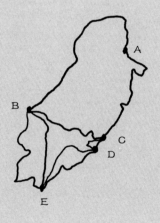

第 11 章
打开纽结，解开问题

数学家对纽结的定义有着很严格的标准。比如说，系好的鞋带就不能算是一个纽结，因为不管鞋带系得多么复杂，理论上，利用它的两个末端就能轻松解开结。

这只鞋的鞋带看起来系好了…… 但只要轻轻一拉…… 结就消失了

根据定义，数学上的纽结是一个圈，圈上可能有缠结，也可能没有，但这个圈的末端一定不是松散的。你可以把数学上的纽结想象成一条两端相连的绳子。最简单的纽结就是一个圆圈，它被称为平凡纽结①。比如说，一根橡皮筋就是一个平凡纽结。不管这根橡皮筋如何被扭曲缠结，只要最后能被解开，回到一个圈或者橡皮筋的原始状态，它与平凡纽结就是等价的。例如，下页图中均为平凡纽结，彼此等价。

---

① 平凡纽结也被称为 unknot。（译者注：unknot 在英文中原为动词，意为解开绳结。）

这根绳子没有断。看起来断了的那部分隐藏在看起来没断的部分后面

与左图同理

当你解开一个绳结时，你可以拉、拧或者抽，但不能剪开它。如果你能用允许的手法把一个纽结变换成另一个纽结，它们就是等价的。不是所有的纽结都能如此被变换成平凡纽结。比如说，三叶结是最简单的非平凡纽结，不论用什么样允许的手法，你都不能让它变成平凡纽结。

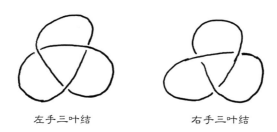

左手三叶结

右手三叶结

左手三叶结与右手三叶结在严格意义上也是等价的，因为用拉、拧或者抽的办法不能让其中一个结转变成另一个结。但是，因为它们是彼此的镜像，所以在纽结理论家看来，它们是同一种纽结。

你可以通过动手实践来认识各种不同的纽结。试试用较短的接线板来打个结，3 到 5 英尺长就够了。在你打好了结之后，把另一端的插头插到接线板上，这样，你的结就没有松散的末端了。

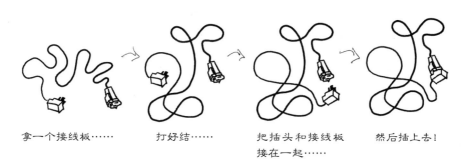

拿一个接线板……

打好结……

把插头和接线板接在一起……

然后插上去！

当然，三叶结不是唯一的非平凡结。比如说，8字形结就是一个和三叶结不等价的非平凡结。

8 字形结

8字形结不像左手三叶结或右手三叶结，它和它本身自成镜像。在观察纽结的时候，要注意它们可以被画成完全不同的形状。例如，以下的四张图全都是8字形结。

8 字形结的不同画法

你可以自己动手验证一下，用一个接线板或者一根毛线来打一个8字形结，然后随便拉扯变化，看看你能把它变成什么样不同的形状。

在数学绝大部分的子领域中，数学家们都会对问题进行分类。纽结分类的标准是它们的交叉指数。比如说，平凡纽结的交叉指数为0，因为它可以被摆成完全没有交叉的形状。即使平凡纽结被摆成看起来有交叉的形状，平凡纽结本身的交叉指数仍然为0，因为一个纽结的交叉指数是这个纽结最少的交叉数量。换个例子，三叶结的交叉指数为3。

第一个交叉点 第二个交叉点

三叶结的交叉指数为 3

第三个交叉点

当然,你也可以把三叶结摆成有着多于 3 个交叉点的样子,但你永远也无法让三叶结的交叉点少于 3 个。

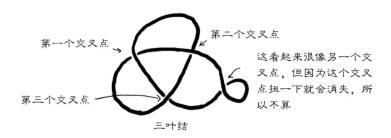

第一个交叉点 第二个交叉点

这看起来很像另一个交叉点,但因为这个交叉点扭一下就会消失,所以不算

第三个交叉点

三叶结

两个交叉指数不同的纽结永远不能变换成对方,但是两个有着相同交叉指数的纽结是不是肯定互相等价呢? 这要看情况。所有交叉指数为 0 的纽结都是平凡纽结,另外,没有交叉指数为 1 或者 2 的纽结——因为看上去有 1 或 2 个交叉点的纽结最后都能被解开,并变成平凡纽结。

这看上去像一个交叉点,但它能不能算在交叉指数里呢?

只需扭一次,纽结就会变成这个没有交叉点的形状。因此,这个结和左图的结(二者等价)的交叉指数都为 0

交叉指数为 3 的纽结都与三叶结等价[1],而且交叉指数为 4 的纽结都与 8 字

---

① 上文中提到,左手三叶结和右手三叶结虽然从严格意义上说是不同的纽结,但由于它们互为镜像,因此仍然算作等价的纽结。

形结等价。

交叉指数	可能的纽结
0	 平凡纽结
1	无
2	无
3	
4	

在交叉指数大于 4 的情况下，开始出现不同的纽结。比如，两个不同的纽结的交叉指数都为 5，三个不同的纽结的交叉指数都为 6，七个不同的纽结的交叉指数都为 7。纽结理论家用表格把不同的纽结归类，并写成了书，比如科林·亚当斯的《纽结之书：纽结数学理论的基础入门》（ *The Knot Book: An Elementary Introduction to the Mathematical Theory of Knots* ）[17]。下面这张表格就是以该书中的信息为基础绘制的。

交叉指数	可能的纽结
5	
6	
7	

　　拥有 8 个或以上交叉点的不同纽结数开始迅速增加。21 个纽结拥有 8 个交叉点，49 个纽结拥有 9 个交叉点，165 个纽结拥有 10 个交叉点。当交叉指数达到 16 时，不同的纽结数量超过了一百万[17]。

　　纽结理论不仅仅是理论数学家古怪的兴趣，打结现象在自然世界中也常有发生。例如，DNA 可以采取单条结链构成环的形式。通过了解这个纽结的类型，人们能够更好地理解 DNA 分子是如何在细胞内发挥作用的[18]。

　　无论是否为了解决实际问题，纽结的分类为解决数学或生活上的问题提供了一个象征意义。当你碰到一个难解的问题时，停下来想一想你之前是否遇到过类似的问题。比如，如果你的问题看起来像下图中的纽结一样复杂，你可能会感到无从下手。但如果你花点儿时间把这个结解开，你会发现它其实就是平凡纽结——一个你曾经遇见过的简单无比的结。

第 11 题

　　用一根线拧成下图中的纽结，数一下它们的交叉指数，然后在本章的表格中找出分别与它们等价的纽结。

a.

b.

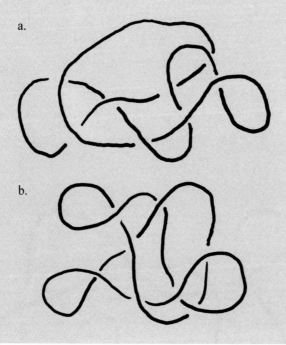

第 12 章
最短路径未必是直线：全面思考问题

从美国波士顿到英国牛津的最短路径是什么？航班的乘客们会把这个问题留给飞行员。想要省油、省时的飞行员又是如何确定这条最短路线的呢？简单起见，假设地球是一个完美的球形 [①]。记住，如果可能的话，连接波士顿和牛津的最短路线实际上是一条穿过地球的直线隧道。

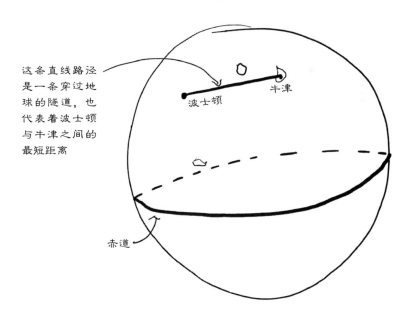

这条直线路径是一条穿过地球的隧道，也代表着波士顿与牛津之间的最短距离

波士顿

牛津

赤道

---

① 地球真正的形状请见第 19 章。

由于地球表面是曲面，飞行员必须沿一条弯曲的路径从地面上方飞过。在航空杂志里，这条路线往往长得像下图这样。

当然了，这张图是把三维世界里的实际路线画在二维的杂志页面上，所以它并不准确。而且，这条曲线也并非唯一的选择。到底哪条是最短的曲线呢？

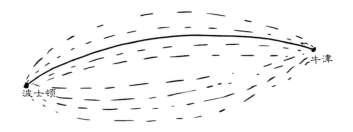

在地球表面上找出穿过这两座城市的最大圆，我们要选择的就是在这个圆上连接这两座城市的那一部分曲线。这个圆圈像赤道一样绕了地球一圈，但并不一定要和赤道重合，它叫作"大圆"[①]。

换句话说，从波士顿到牛津的最短路径是穿过波士顿和牛津的大圆的一部分。

---

① 赤道本身是一个大圆，但还有其他不是赤道的大圆。

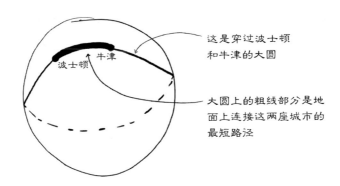

如何证明波士顿到牛津的最短路径一定是穿过这两座城市的大圆的一部分呢？首先，下面是几条连接波士顿和牛津的路径。

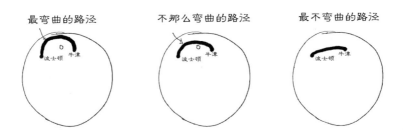

图上每条弯曲的路径都可以延伸出一个圆。注意：连接波士顿和牛津的弯曲路径的形状决定了该圆的面积。

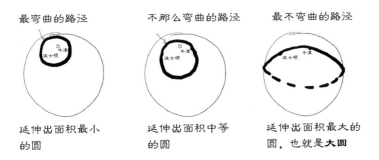

所以，怎么找到波士顿和牛津之间的最短路径呢？找到"最不弯曲"的那

条路。如何找到最不弯曲的那条路？找到穿过波士顿和牛津的大圆中连接两座城市的那部分曲线。这条"最不弯曲"的路的长度，最接近那条穿过地球连接两座城市的直线隧道的长度。

理解数学或生活问题的途径可能就像连接两座城市的最短路径一样，并非如直线一般直截了当。即使"最直接"的方法就像从波士顿到牛津的直线隧道那样不可企及，只要我们愿意全面思考所有的可能性，最终仍能找到答案。

第 12 题

要解决以下问题，你首先需要一个地球仪和一根长度足以绕地球仪一圈的线。在回答每个问题之前，先用线将穿过相关城市的大圆在地球仪上标示出来。

a. 美国纽约和中国香港之间最短的路径是否通过北极圈？

b. 若要以最短路径从墨西哥的墨西哥城出发，到达印度的新德里，出发时应该朝哪个方向前进？

c. 乌拉圭的蒙得维的亚与巴基斯坦的拉合尔，哪一座城市离博茨瓦纳的哈博罗内更近？

第 13 章
斐波那契数列：放眼自然之美

斐波那契数列是一个以两个 1 开头的数列：

1   1

把第一个数和第二个数相加，就可以得出第三个斐波那契数。因为 1+1=2，所以斐波那契数列的开头是这样的：

1   1   2

把第二个数和第三个数相加，得到第四个数。因为 1+2=3，所以这个序列变成了：

1   1   2   3

事实上，除了头两个数，这个数列里的每个数都是它的前两个数之和。斐波那契数列本身无穷无尽，但我们可以写下这个数列的开头：

1   1   2   3   5   8   13   21   34   55   89   ……

斐波那契数列的构造方法并不复杂，即一个只用了加法的简单算法。粗粗一看，这个数列好像没什么特别有意思的地方。但是，在许多看上去与数学无关的迷人场景之中，这些数频繁出现，令人感到意外，让数列本身变得有趣了起来。例如，下页图是一幅向日葵花心的照片，花心中有 13 个顺时针螺旋和 21 个逆时针螺旋，13 和 21 都是斐波那契数。

其他向日葵则表现出不同的相邻斐波那契数。下图中的这朵向日葵有 34 个顺时针螺旋和 55 个逆时针螺旋。

仙人掌中也藏着连续斐波那契数：8 个顺时针螺旋和 13 个逆时针螺旋（下图）。

松果有 8 个顺时针螺旋和 13 个逆时针螺旋（下页图）。

在自然界中，斐波那契数的例子比比皆是。贝壳、植物、人类和动物身上都出现了成对的相邻斐波那契数。在学习数学的时候，请把寻找和发现周围的美好作为日常功课的一部分。

第 13 题

现在轮到你来发现数学之美了。数一数，下图的雏菊花心中有几个顺时针螺旋和逆时针螺旋？螺旋的个数是相邻的斐波那契数吗？

附加题

到超市买一个菠萝。你能在菠萝上找到相邻的斐波那契数吗？

第 14 章
微积分中的黎曼求和：分而治之

计算一个矩形的面积，可以用在小学学到的面积公式：面积 = 长 × 宽。假设一个公园的草地为 250 英尺长、1000 英尺宽，那么用这个公式可以得出草地面积为 25 万平方英尺。在确定需要多少草籽和肥料，或者需要向按每平方英尺计费的割草工支付多少工资时，这个信息就变得尤为重要。又或者，你想把这块草地变成一个狗狗公园，那么，知道面积有助于计算在公园里最多能容下多少条宠物狗。

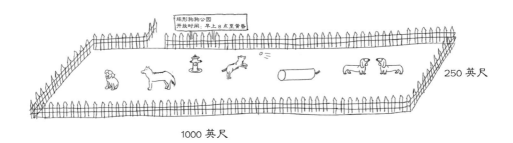

但是，如果草地不是一个完美的矩形，那该怎么办？真实的草地往往不是圆形或三角形这种标准形状，所以，没有现成的公式可以计算出它的面积。下页图中这个例子对矩形略做修改：草地的三条边仍是直的，但另一条边是曲线。

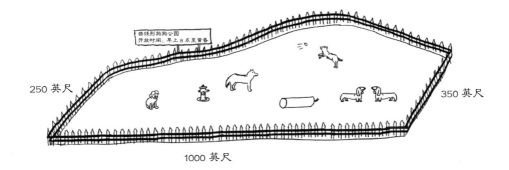

在这个例子里，你也许会考虑用矩形来计算草地的近似面积。

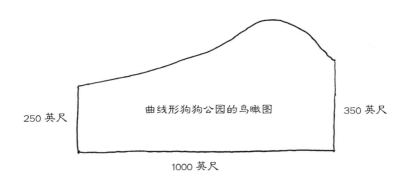

比如，用在该形状里能画出的最大矩形来得到面积的下限。

在该形状里能画出的最大矩形给出了面积的下限：
250×1000=25 万平方英尺

你还能用完全包含这个形状的最小矩形来得到面积的上限。

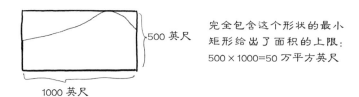

完全包含这个形状的最小矩形给出了面积的上限：500×1000=50万平方英尺

因此，你可以自信地宣称，草地的真正面积就在上限与下限之间。在上面的例子中，狗狗公园的真实面积就在 25 万平方英尺与 50 万平方英尺之间。

然而，如果你想要更准确地估算面积呢？你可能会想到把这个形状分成两半，然后分别针对每一半，用内接矩形得到一个更准确的下限。

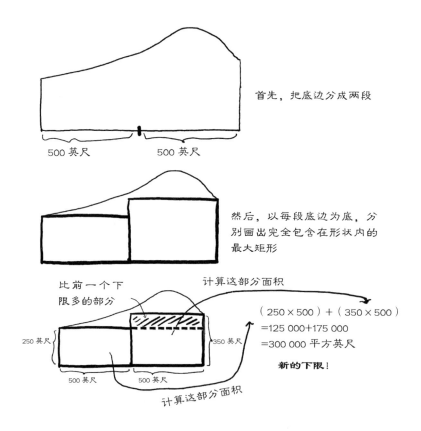

首先，把底边分成两段

然后，以每段底边为底，分别画出完全包含在形状内的最大矩形

比前一个下限多的部分

计算这部分面积

（250×500）+（350×500）
=125 000+175 000
=300 000 平方英尺
新的下限！

计算这部分面积

同样，你也可以用两个矩形来计算一个更好的上限。

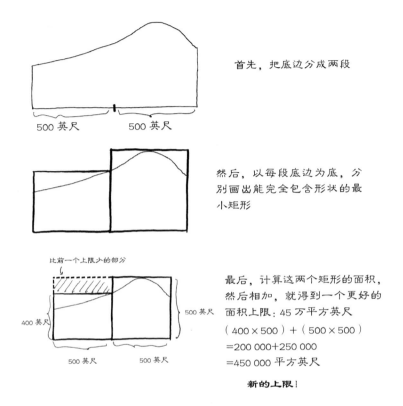

首先，把底边分成两段

500 英尺　　500 英尺

然后，以每段底边为底，分别画出能完全包含形状的最小矩形

比前一个上限少的部分

最后，计算这两个矩形的面积，然后相加，就得到一个更好的面积上限：45 万平方英尺

（400 × 500）+（500 × 500）

=200 000+250 000

=450 000 平方英尺

400 英尺　　500 英尺

500 英尺　　500 英尺

新的上限！

这一技巧改善了估算结果。现在，你知道这个狗狗公园的面积大于 30 万平方英尺，但小于 45 万平方英尺。

但我们不必止步于 2 个矩形。用 10 个矩形来计算上限和下限，不是会更精确吗？虽然更多的矩形意味着更大的计算量，但每个计算仍然非常简单——长乘以宽。

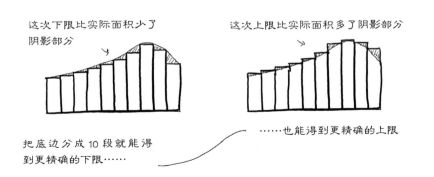

这次下限比实际面积少了阴影部分

这次上限比实际面积多了阴影部分

把底边分成 10 段就能得到更精确的下限……

……也能得到更精确的上限

　　当然，我们也没必要到了 10 个矩形就停下。你可以尝试用 100 个甚至 1000 个矩形来得到更精准的估值。这种用越来越小的矩形面积相加来估算不规则形状面积的技巧叫作黎曼求和。事实上，你不光能用这个办法来估算有三条直边和一条曲边的形状的面积，也能用它来估算任何奇奇怪怪的形状的面积。

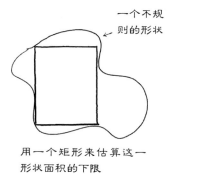
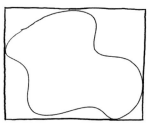

一个不规则的形状

用一个矩形来估算这一形状面积的下限

用一个矩形来估算这一形状面积的上限

　　就像之前的例子一样，用的矩形越多，得到的结果就越精确。

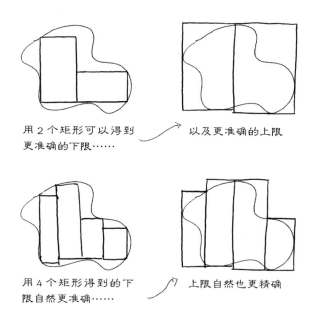

用 2 个矩形可以得到更准确的下限……

以及更准确的上限

用 4 个矩形得到的下限自然更准确……

上限自然也更精确

　　内接矩形面积的总和给出了下限，外接矩形面积的总和给出了上限，实际面积就在这两者之间。矩形分得越窄，得到的上、下限范围就越小。

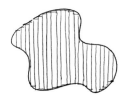

用很多在形状内的小矩形
估算下限

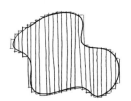

用很多超过形状的小矩形
估算上限

　　黎曼求和是终极的分治算法技巧。因为没有直接的计算公式，所以计算不规则形状的面积这类问题看上去很难。但我们没必要因为没有公式就灰心丧气、止步不前。我们可以把形状分割成更小的、更容易解决的部分，哪怕这些部分只能让我们进行估算也没有关系。在用黎曼求和的方式来计算面积的上、下限时，你可以决定误差的幅度。比如说，如果你只想要一个粗略的估算结果，那就不需要使用很多矩形；如果你想要一个非常精确的结果，那就必须使用数量庞大的窄小矩形。

　　在计算一个难以确定的不规则形状面积的问题上，黎曼求和提供了极好的近似算法。它给我们展现的哲理是，当我们在数学或生活中遇到巨大挑战时，不妨考虑将问题分而治之。就算你不知道那些复杂的、技术含量高的解决问题的方法，也不用担心。像黎曼一样，把问题切割成更小、更容易解决的部分，然后用已知的信息来得出最后的答案。

第 14 题

用黎曼求和法来估算下图中池塘的面积，误差范围控制在 300 平方英尺以内。

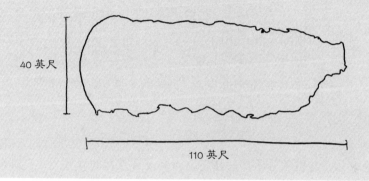

40 英尺

110 英尺

第 15 章
非欧几里得几何让我们拥抱变化

　　幼儿园的小朋友们很善于理解各种积木块的几何特性。比如，积木在被移动、堆叠或推倒之后，本身不会发生变化，变的只是积木在空间中的位置。另外，三角形的积木可以靠着任何一个面站起来，而圆柱体的积木想要立直不倒，就得以其中一个圆形面为底。

　　小学生在几何课程中会学到，一个三角形最多只能有一个 90° 角（也被称为直角）。下图中间的三角形有一个直角，但旁边的两个三角形都没有直角。

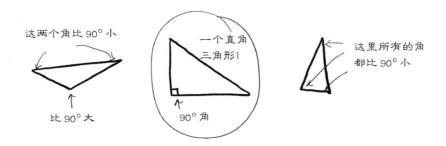

中学生会学到三角形的内角和一定等于 180°，180° 角画出来是一条直线。

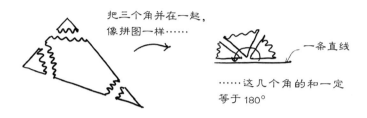

把三个角并在一起，像拼图一样……

一条直线

……这几个角的和一定等于 180°

大学之前所教的几何大部分属于欧几里得几何（简称欧氏几何）。欧氏几何有它的使用场景，比如在建造房屋要用到直线和直角的时候，效果就很好。然而，在需要用到曲线的场景里，比如在描述跨洲航线、珊瑚礁、羽衣甘蓝，甚至整个宇宙（因为宇宙边缘也被认为是弯曲的）的时候，非欧几里得几何（简称非欧几何）就比较吃香了。

飞机的航线是非欧几何的

珊瑚礁的表面是非欧几何的

羽衣甘蓝的表面也是非欧几何的

在非欧几何中，欧氏几何里的很多老规矩都不适用了。比如，球面上的一个三角形的内角和可能会大于 180°。

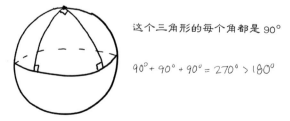

这个三角形的每个角都是 90°

$90° + 90° + 90° = 270° > 180°$

上页图中的三角形拥有三个直角，其内角之和竟然达到了 270°！然而，鞍面上的三角形的内角和却可能会小于 180°。

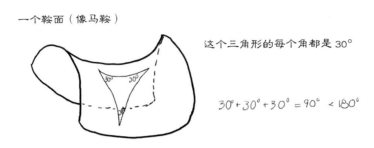

一个鞍面（像马鞍）

这个三角形的每个角都是 30°

$$30° + 30° + 30° = 90° < 180°$$

无论是在球面上还是鞍面上，对这些三角形来说，我们熟悉的旧规则都失效了。

刚开始的时候，三角形内角和不一定等于 180° 这个知识点可能会让你感觉有些不安。但是，努力去拥抱在人生和数学学习中产生的变化吧。在你适应变化的过程中，可能会得到新的机遇，能缓解你的无聊，发现自己的优势，并产生新的思路。

另外，你真的想生活在一个没有跨洲航线、珊瑚礁和"非欧几何蔬菜"的世界里吗？乐观些，宇宙中仍然蕴藏着许许多多非欧几何的奥秘。

第 15 题

求球面上的四边形、五边形和六边形的内角和。试着填写下页的表格，并解释为什么你的答案是正确的。

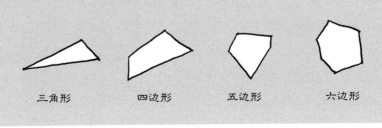

三角形　　　　四边形　　　　五边形　　　　六边形

欧氏几何图形	边数	欧氏几何中的 内角和	球面上的内角和
三角形	3	180°	大于 180°
四边形	4	360°	
五边形	5	540°	
六边形	6	720°	

第 16 章

鸽巢原理：寻求更简单的方法

在英国伦敦能不能找到有头发且头发数量相等的两个人？要回答这个问题，有人首先可能会想要把所有伦敦人聚集起来，挨个儿数一数他们的头发，然后列出一张表。这张表开头可能是这样的。

伦敦居民的名字	头发数量
鲍勃·雅培	108 245
简·亚伯拉罕	97 326
玛丽亚·阿克曼	135 730
阿尔伯特·亚当斯	59 322
莉莲·奥尔登	102 449
弗雷德里克·阿里斯顿	3
劳拉·奥尔斯顿	128 236
⋮	⋮

在拿到这样一张表之后，等着你的将是冗长又无趣的比较数值的过程。幸运的是，有比这更简单的办法。

每个伦敦人确实都有一定的头发数量，假定每个伦敦人都知道自己头发的数量，那我们就能用下面这个方法。首先，你很容易就能查到伦敦大约有 820

万名居民（截至 2011 年 3 月）。如果一个普通人一般有 100 000～150 000 根头发，那应该不会有哪位伦敦居民的头发多于一百万根。让我们停下好好想想这些数：820 万名伦敦居民，没有人头发多于一百万根。不难想象一条长长的走廊，沿边有很多扇门，每扇门上都有一个数字，代表着一位有头发的伦敦人的头发数。

注意：此图未按比例绘制，中间的省略号代表第 5 扇门和第 100 万扇门之间所有的门

现在可以继续我们的思想实验了：让所有 820 万名伦敦居民都进入对应着自己头发数量的那扇门里。假设第一个人有 113 572 根头发，那她进的就是第 113 572 号门；第二个人只有 3 根头发，那他就进第 3 号门；依此类推。开始的时候，居民进入每扇门的速度可能比较慢，但只要有一扇门中进入了两个人，那你就成功地找到了两个头发数量一样多的伦敦人，问题也就解决了。那么，是否一定会有两个人进入同一扇门呢？

思考一下人数和门数的相对关系——人比门多。就算刚开始的时候，你有意不让两个人进入同一扇门，但总有一个时刻，所有门都已经有人进入了，但还有人等着继续打开其中的某一扇门。

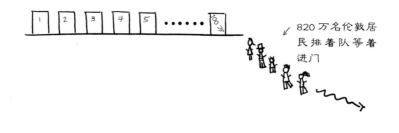

820 万名伦敦居民排着队等着进门

由于大约有 820 万名伦敦居民，而门只有一百万扇，因此至少有一扇门会

被多个人打开。所以，就算没有一根一根地去数每个人头上的头发，你也可以有定论了：一定至少有两个伦敦居民头上有一样多的头发。

这个问题的核心是一条名为"鸽巢原理"的数学原理。该原理的正式定义如下：如果要把 n 个物体放进 m 个容器里，且 $n>m$，则至少有一个容器要容纳多于一个的物体。比如，有 5 只鸽子要飞进 4 个鸽笼，会发生什么呢？

如果 5 只鸽子要飞进 4 个鸽笼，那至少有一个鸽笼得装下多于一只的鸽子。

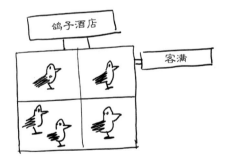

鸽巢原理能让你在不数数的情况下就解决貌似需要数数的问题。如果你眼看着一大群人正等着要进体育馆，而你不确定场馆容不容得下所有人，那么你不需要一个个地数有多少个座位、多少个人。用鸽巢原理试试能不能找到更简便的方法。比如，让所有人试着进入场馆并找一个位置坐下。这时，你需要用观察力来找到答案。如果所有座位上都有人了，但还有人没坐下，那么人就比座位多。如果所有人都坐下了，这时也没有空位，那么人和座位就一样多。如

果所有人都坐下了，但还有些空位，那座位就比人多。

有些人认为，解决人生中或数学上的问题必须严格遵守既定的规则。但是，你不妨试试采用一些非常规的方法，因为这些方法有时候反而会更简单。

第 16 题

证明：世界上所有国家 / 地区的最高领导人中必有两人同龄。

第 17 章
开普勒的球填充猜想：有根据的猜测

在一个空间里摆放橙子，使得橙子的排列密度最大，看上去会有无限多种方式。你可以把橙子随手一抛，让老天爷来帮帮忙。你也可以把它们挨个叠在每一层橙子的正上方。或者，你还可以采取全世界的水果商贩们通用的方式：先摆上一层橙子，再把第二层橙子放在底层橙子形成的空洞处，然后，把第三层橙子放到第二层橙子形成的空洞处，依此类推。

随机排列

对齐叠放，一个橙子
在另一个的正上方

第二层橙子摆在第一层橙子
形成的空洞处，依此类推

1611 年，德国数学家和天文学家约翰内斯·开普勒进行了一个有根据的猜测：市场上的水果商贩使用的方法不光能将橙子紧密排列，而且还能让橙子排列得最紧密。重要的是，开普勒把他的猜测公之于世了，从此以后就被称为"开普勒的球填充猜想"。

"真理是时间的女儿，而我不会为成为她的接生婆而感到羞愧。"据说，开普勒曾这样说道。开普勒在去世之前没能成功证明他的球填充猜想的正确性。

但是，这个猜想在后世声名远扬，足以表明它的力量。许许多多的数学家知道了这个猜想，在开普勒去世之后依然致力于这方面的研究。终于，在1998年，也就是在开普勒提出该猜想的近四个世纪之后，美国数学家托马斯·黑尔斯提供了一份超过250页的证明——这个猜想确实是正确的。

球体最密堆积问题在许多领域中皆有实际应用，比如互联网通信、卫星传播和深空信息中继。假如当初开普勒没有把他的球填充猜想告诉世人，如今的世界或许会是一副完全不同而且更糟糕的样子。

在研究数学的过程中，你要牢记猜想可以提供方向。猜想会留给你一个想法慢慢咀嚼，让你不至于一点儿思路都没有。一旦提出了自己的猜想，你可能会产生一种欲望，想要确定它是否正确。在着手解决问题的时候，你可能会发现第一个、第二个甚至第三个猜测都不正确。即便如此，你也不要放弃——继续猜测，继续研究。好奇心常常能促进问题的解决，往往在你提出了最佳的猜想后，答案才会出现。

第 17 题

在解这道题之前，你需要准备9枚大小相同的硬币、一把尺子、一支铅笔和一张纸。你的目标是找到在一个正方形里分别填充3枚、4枚、5枚、6枚、7枚、8枚、9枚硬币的最优方式。在以最优方式排列硬币的时候，所有硬币必须完全在正方形的边界内，正方形要尽可能小，且硬币之间没有重叠的部分。比如，在正方形里排列一个硬币的最优方式就是让正方形的边长与硬币的直径相等。

在正方形里排列一个硬币的最优方式

再举一个例子，在正方形里排列 2 枚硬币的最优方式是让 2 枚硬币的圆心都落在正方形的对角线上。如果让 2 枚硬币的圆心落在一条水平线上，则所需的正方形就更大，因此这就不是最优方式。

在正方形里排列 2 枚
硬币的最优方式

在正方形里排列 2 枚
硬币的非最优方式

解题的时候，可以在桌上把硬币随便移来移去，找出最紧密的排列方式。找到这种方式之后，在硬币外围画上正方形，然后与以其他方式产生的正方形比较一下大小。

第 18 章
终端速度：按自己的节奏前行

重力以约 9.8m/s² 的加速度将物体"拉"回地面。也就是说，在真空环境里，无论一个正在坠落的物体有多重，它在空中每停留一秒，其下坠的速度就会增加 9.8m/s。比如说，一个保龄球和一根羽毛在真空中的重力加速度是一样的；但当保龄球和羽毛在非真空的地球大气中下坠时，它们就会受到空气阻力。当加速下坠时，它们会撞上空气分子，加速度因此也变得不同。结果就是，在空气中，保龄球要比羽毛下坠得更快。

一个保龄球和一根羽毛在真空中下坠

一个保龄球和一根羽毛在地球大气（非真空）中下坠

　　每个下落物体都有一个速度。当它受到的空气阻力等于该物体的重力时，其下落速度就不变了。也就是说，当物体达到重力与空气阻力平衡的状态时，它也就不会再加速。当物体以该速度恒速运动时，这一速度就被称为该物体的"终端速度"。不同物体的终端速度各不相同。物体的重力让它在下坠时对空气产生作用力，而物体的面积决定其受到的空气阻力——面积越大，阻力越大。当一个从空中下落的人打开降落伞时，阻力增加，因此降低了终端速度。

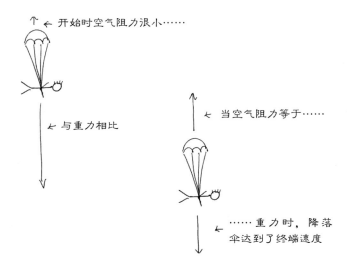

　　当你想在数学学习中掌握自己的节奏时，不妨想一想能从下落的物体身上学到什么。无论是顺利前进还是遭受"阻力"，你和同龄人的速度都可能截然不同。以自己的节奏前进吧！你的目标应该是找到属于自己的"终端速度"——等待遇到的阻力与消耗的力量相等的那一刻吧！

第 18 题

　　在电影《007 之太空城》的片头，007 特工（詹姆斯·邦德！）把坏人 1 号推下了飞机，但坏人刚好身上穿戴了降落伞。大约 5 秒之后，坏人

2号（名叫"大钢牙"）把没戴降落伞的007也推下了飞机。007成功在半空中赶上了坏人1号，抢走了他的降落伞，并顺利穿在自己身上。紧接着，坏人2号身穿降落伞跳下了飞机，并在半空中赶上了007。二人在空中厮打了起来，过程中，坏人2号张开一嘴钢牙就要咬上007的脚。为了避开这一咬，007打开了他从坏人1号身上抢来的降落伞。降落伞打开之后，007看上去就像迅速向上飞走了一样。这一举动让007成功地逃脱了坏人2号的撕咬和钳制。

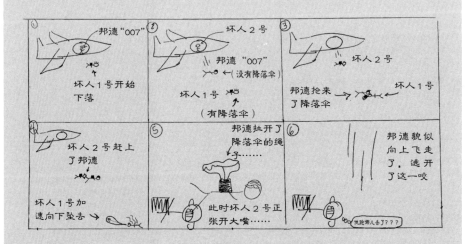

考虑空气阻力对坠落物体的影响，回答下列问题。

a. 回想一下，邦德是在坏人1号被推下飞机5秒之后才离开飞机的。假设坏人1号和邦德体型和重量相同，那么邦德为什么能赶上坏人1号？

b. 当邦德打开降落伞来避免被坏人2号咬到的时候，他真的往上飞了吗？

第 19 章

因为地球是扁球形，多注意细节

地球是一个质量巨大的天体，其自身的引力将其拉成了球状。但是，如果把地球上的山峰都磨平，把峡谷都填满的话，地球就是一个完美的球形了吗？1673 年，法国天文学家让·里歇尔注意到这样一个现象：同一个单摆，在法国巴黎的摆动速度比在法属圭亚那的卡宴要快一点点，而这两座城市的纬度分别为北纬 49° 和北纬 5°。艾萨克·牛顿后来从这个证据推断出：同一物体所受的重力在靠北的纬度地区比在靠近赤道的地区大。这一观察又让牛顿得出了一个结论：绕着穿过南北两极的不可见的中轴线旋转而产生的旋转力，让地球有了赤道隆起。地球的极直径和赤道直径虽然相差区区 26 英里，但这一差异确实存在。也就是说，地球不是一个球体，而是一个类球体。

这张草图夸张地表现了地球有点儿扁的形状，它看上去就像个南瓜

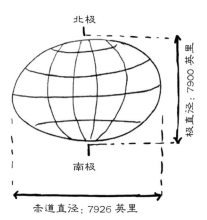

北极

极直径：7900 英里

南极

赤道直径：7926 英里

类球体也有不同的种类。扁球体绕着较短的垂直轴旋转，而长椭球体则绕着较长的垂直轴旋转。

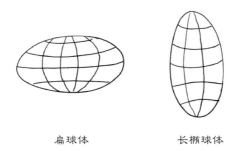

扁球体　　　　　　　　长椭球体

由于引力和旋转力的影响，太阳系中的所有行星准确来说都不是球体，而是扁球体。行星越大，绕中轴旋转的速度越快，赤道隆起就越明显。地球作为一个中等大小的行星，24 小时自转一周，其赤道直径比极直径大了约 0.3%。而太阳系中最大的行星——木星，自转一周所花时间约 10 小时，它的赤道直径就比极直径要大 7% 左右。肉眼几乎观察不到地球的扁圆属性，而木星则是显而易见的扁南瓜形状。

你必须特别注意细节，才能辨别不同天体准确的几何特征。以月球为例。美国加利福尼亚大学的天体学家加里克 – 贝瑟尔在研究了月球的形状之后，在《自然》杂志上发表了论文，说月球"像一个有着赤道隆起的柠檬"[25]。月球最有可能发端于一个在 45 亿年前撞上地球的未知物体。当月球距离地球还很近时，它受到两个潮汐作用的影响：地球的引力让它变成了压扁的形状，而其自身的旋转让它的赤道慢慢隆起[25]。当月球与地球之间的距离开始变远之后，月球的自转慢了下来，而且地球的引力不再对它有同样的影响。于是，月球那隆起的柠檬形状就这样定型了。加里克 – 贝瑟尔为了查清月球的形状，他特别注意了数学上的一个细节："这两个潮汐过程都有着一个确切的比例，我们也确实分别得出了两个期望结果。"[25]

地球不是唯一一个拥有奇形怪状的卫星的天体。由于土星的卫星受到了土星和土星环的双重影响，因此它们的形状更是五花八门：意大利饺子、不明飞行物、西班牙馅饼和穿着蓬蓬裙的芭蕾舞者——最后这个形状如此得名，是因为某颗卫星看上去像是穿了喇叭裙[26]。

在过去很长一段时间内，天体学家认为宇宙是没有形状的。他们相信宇宙无限论：如果一艘太空飞船从地球出发，往地球外飞去，结果它只会离地球越来越远，没有尽头。但是，美国国家航空航天局的威尔金森微波各向异性探测器（WMAP）在探测宇宙大爆炸残留的辐射热时所收集到的具体数据显示，可观测到的波的反射行为不像是在无限宇宙之中的行为[27]。事实上，波所显示的规律行为表明，宇宙很可能是甜甜圈一样的形状。

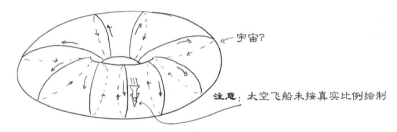

宇宙？

注意：太空飞船未按真实比例绘制

如果宇宙确实呈甜甜圈的形状，那么一艘从地球出发的飞船在"向外"飞了很久很久之后，会从另一侧再次回到地球。

地球的极直径与赤道直径间相差的 26 英里、土星那些意大利饺子形状的卫星，以及一个甜甜圈形状的宇宙，这些现象都是在观察细节后才被发现的。花一些时间，多注意数学和生活中的细节，细节可能会带来意想不到的惊喜。

第 19 题

按照球体、扁球体、长椭球体或"以上皆非"将以下物体进行分类：牛油果、南瓜、梨、橘子、葡萄、西瓜、草莓、香瓜、百香果、香蕉。

附加题：为了好玩，你下次包饺子的时候，可以考虑把肉馅捏成球形来取代通常情况下的扁球形。

第 20 章

希尔伯特的二十三个问题：一起加入数学界吧

1900 年，国际数学家大会在法国巴黎举行。在会上，德国数学家戴维·希尔伯特向大会提出了二十三个问题。通过此举，他想要鼓励当时的数学界继续团结努力。用他的话来说，他想要数学免于"消亡"，尽管当时数学并没有濒临灭绝的危险。虽然他的说法有些危言耸听，但他横跨所有数学分支，认真收集了一系列有趣且具有开放性的数学问题，这可是数学史上的破天荒事件。在演讲中，他向当时的数学界发起了要在 20 世纪解决所有二十三个问题的挑战：

我们之中有谁不愿意揭开隐藏着未来的面纱，一瞥科学下一步的发展，甚至未来几个世纪科学进步的奥妙呢？……只要科学的某一分支仍有许多悬而未决的问题，那它就会继续活跃下去。问题的缺失往往预示着一个学科行将消亡，或者，其独立发展即将停止。[28]

希尔伯特的第一个问题与连续统假设有关——这是一个关于包含直线上所有点的集合大小的猜想。当时，康托尔已经证明了，包含所有自然数 ① 的无穷集比包含所有实数 ② 的无穷集要小。连续统假设声明：不存在大小介于自然数集合

---

① 自然数是从 0 开始往后数的整数，即 0, 1, 2, 3, 4, 5, 6, 7, …。

② 实数是数轴上所有的数。也就是说，实数包含所有自然数及负数，也包括像 $\frac{2}{3}$、$\frac{962}{317}$、$-\frac{156}{2}$ 和 $-\frac{1}{2}$ 这样的分数，以及所有拥有无限不循环小数的无理数，例如 π、φ 和 e。

和实数集合这两个无穷集之间的其他无穷集。换句话说，这个假设的意思是，一个包含线上的点的无穷集①，要么和自然数无穷集大小相同，要么和包含了所有点的无穷集大小相同，没有其他可能性。奥地利裔美国数学家、逻辑学家库尔特·哥德尔徒劳无功地花了二十五年，想要证明或证否连续统假设，但最后是美国数学家保罗·科恩取得了成功。哥德尔十分有风度地给科恩写了一封信："你的证明是最好的，就像在读一部精彩的戏剧。"[29] 1963 年，哥德尔以他和科恩的名义在《美国国家科学院院刊》上发表了科恩的证明。但是，最后的结果十分出人意料。事实上，科恩证明的是连续统假设本身不可证[30]。这听起来像是故弄玄虚，但实则不然。相反，科恩成功地证明了连续统假设不可能被解决，所以哥德尔无论如何也证不出来这个问题就是情理之中了。

希尔伯特的二十三个问题之中的有些问题被快速地解决了，比如第三个问题：两个等底等高的四面体是否一定体积相等②。马克斯·德恩在 1902 年就得出了否定的结论，如下页图所示。这两个四面体是由它们顶点③的三维坐标来确定的，即，三维空间内的一个点可以用 (x, y, z) 来表示，其中 x 表示在 x 轴上向右移动的距离，y 表示在 y 轴上向书页外部移动的距离，z 表示在 z 轴上向上移动的距离。这些顶点在坐标系上一旦被标出，用线连接它们就可以构造出四面体。注意：这里的两个四面体等底等高，但是，由于它们最高点的位置不同，因此形状也就不同。

希尔伯特的第八个问题是黎曼猜想——一个关于质数分布的猜想。在希尔伯特提出问题之后的整个 20 世纪中，没有人能解决这个问题。于是，美国克雷数学研究所——一个致力于促进和传播数学知识的机构，为 21 世纪重新发布了七个问题。这七个问题被统称为"千禧年大奖难题"，而解答出任何一题的第一个人将获得一百万美元作为奖励。由于黎曼猜想当时仍然悬而未决，因此也跻

---

① 在这里，一个包含线上的点的无穷集可以包含线上所有的点，也可以包含其中的一部分。

② 原书如此，这两个四面体的体积实际上是相等的。该问题讨论的是两个等底等高的四面体能否被拆解成两组完全相同的小四面体。——译者注

③ 顶点就是四面体那几个尖尖的点。

身七题之一。目前为止，尽管黎曼猜想拥有众多爱好者，许多人都在为之努力，但它仍然未被解决。希尔伯特本人对此题也相当有兴趣，他曾说："如果我能在沉睡 1000 年之后醒来，我的第一个问题会是：黎曼猜想被证明了吗?"[31]

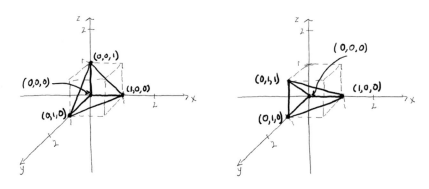

两个四面体等底等高，但体积不同

希尔伯特的第十八个问题的一部分是开普勒的球填充猜想①——往容器里装填球体（比如橙子），哪种方法可以使堆积密度最高？ 1998 年，在 20 世纪即将结束之前，托马斯·黑尔斯成功证明了金字塔形状的堆叠方式密度最高。他的证明已经被认可，但由于这个证明是计算机生成的，很多纯数学家对此并不满意。

希尔伯特在提出他的二十三个问题时说："一个数学问题应该具有难度，足以吸引我们，但不能完全无从下手，以免它嘲笑我们的努力。"[28] 希尔伯特在数学领域涉猎极广，因此，他明白清晰陈述整个数学界的目标的价值，以及用这些问题作为衡量标准对于团结数学界的正面影响。希尔伯特的问题鼓励了数学家和数学迷们，其影响正如足球对全世界体育爱好者的影响。

希尔伯特还说："每个数学问题都能被解决，这种信仰对于数学工作者是一个强大的动力。我们从内心听到那永恒的声音：'问题就在那里，去找寻答案

① 开普勒的球填充猜想，详见第 17 章。

吧。'"[28] 他的目标是要提醒数学家们：数学是很多个人和团体共同的追求。他希望不同数学分支的数学家们互相交流，不管他们研究的是几何、数论、代数、分析，还是其他领域。

"现在的问题在于，数学会不会像其他学科一样，分裂成完全独立的分支，而且各分支的代表们几乎不能相互理解，于是彼此之间渐行渐远。"[28] 希尔伯特说。同时，他也强调了与数学界之外的人们交流数学的重要性。

希尔伯特说："除非一个数学理论已经清晰到你可以给街上随便一个路人解释清楚，否则这个理论就不算完整。"[28] 在当时，在街上随便遇到的人不一定是理论数学的交流对象。希尔伯特的这句话，很可能为后来的《量子杂志》《科学美国人》等杂志，以及各色科普图书（比如你手中的这一本）埋下了种子。最后，他阐明了谁可以加入数学界。

"为了完成这一远大的目标，希望新世纪能出现才华横溢的数学大师，以及众多热诚的学徒。我们中的大部分人不是才华横溢的大师。事实上，我们是'热诚的学徒'的数学团体中的一分子。我们也许不能与证明或证否黎曼猜想的人比肩，但是，我们享受自己生活的每一天，诚挚希望你会加入我们。"[28]

第 20 题

在本章中，你看到了等底等高的两个四面体体积却不同的例子。在不考虑四面体体积的具体计算公式的情况下，请再找出一个不同的例子，即找出另外两个等底等高，体积却不同的四面体。

第二部分　心灵的数学

第21章
孪生质数猜想：寻找志同道合的数学伙伴

张益唐是一位美籍华人，于1991年在美国普渡大学获得了数学博士学位。毕业之后，他在找工作时困难重重，曾一度住在自己的车里，还在快餐店和汽车旅馆里打过工。但是，数学一直能给他带来慰藉，所以在许多年里，他坚持研究一个著名的未解决问题——孪生质数猜想。他做研究并非为了名利，只是单纯地想知道这个猜想是否正确。

如果一对质数彼此相差2，那它们就是一对孪生质数[①]。比如，3和5是一对孪生质数，因为3和5都是质数，而且5-3=2。再比如，11和13也是一对孪生质数，因为11和13都是质数，而且13-11=2。在较大的数中也有很多孪生质数的例子，比如16 829和16 831。迄今为止发现的最大的孪生质数有将近40万位数字[32]。孪生质数猜想认为，存在着无穷多对孪生质数。

2013年，张益唐在美国新罕布什尔大学担任临时讲师，他给著名的数学期刊《数学年刊》寄送了一篇论文。期刊的编辑和同行阅读了这篇论文，简直不敢相信自己的眼睛。你可能基本认定，张益唐已经成功地证明了孪生质数猜想。事实上，他并没有做到完全证明，但他的进展可以与世界著名数学家所取得的成果比肩。具体来说，他没有证明存在无穷多对彼此相差2的质数，而是证明

① 质数是指一个只能被1和自身整除的比1大的自然数。例如，5是一个质数，因为它比1大，且只能被1和5整除。但是6不是质数，因为它可以被1，2，3和6整除。

了存在无穷多对质数，彼此相差不到 7000 万。

你是不是觉得这个结果平平无奇？但如同张益唐所预料的一样，数学家们可不这么认为。他的成果是突破性的，更何况，他当年在数学界默默无闻，这让这一切更令人讶异。于是他给妻子打了一个电话。

"我说：'多留心报纸和媒体，你可能会看到我的名字。'"他后来接受《纽约客》杂志记者采访时说道。据张益唐称，他的妻子当时回答道："你喝醉了吧？"[33]

哈佛大学数学系可不认为张益唐喝醉了。事实上，他们在张益唐的论文正式发表前就已经邀请他去演讲了。张益唐的发现被《纽约时报》《纽约客》《连线》杂志及全世界的主流媒体争相报道，并被称为"引起轰动"和"一篇杰作"。他赢得了"麦克阿瑟奖"（俗称"天才奖"）。之后，他辞去了那份临时教职，前往普林斯顿大学。

长期以来，人们一直认为质数的"行为"很像人类，因为它们似乎会优先考虑居住在志同道合的朋友附近。在偏远的环境中，这个特性尤其明显。质数在数轴开头出现的频率很高，但当它们在正方向上离 0 越远时，出现的频率就越低。例如，在前 10 个自然数中，质数的比例为 40%①；在前 100 个自然数中，质数的比例为 25%②；在前 1000 个自然数中，质数比例仅为 16.8%③。数学家已

---

① 小于等于 10 的质数有 2, 3, 5 和 7。

② 小于等于 100 的质数有 2, 3, 5, 7, 11, 13, 17, 19, 23, 29, 31, 37, 41, 43, 47, 53, 59, 61, 67, 71, 73, 79, 83, 89 和 97。

③ 小于等于 1000 的质数有 2, 3, 5, 7, 11, 13, 17, 19, 23, 29, 31, 37, 41, 43, 47, 53, 59, 61, 67, 71, 73, 79, 83, 89, 97, 101, 103, 107, 109, 113, 127, 131, 137, 139, 149, 151, 157, 163, 167, 173, 179, 181, 191, 193, 197, 199, 211, 223, 227, 229, 233, 239, 241, 251, 257, 263, 269, 271, 277, 281, 283, 293, 307, 311, 313, 317, 331, 337, 347, 349, 353, 359, 367, 373, 379, 383, 389, 397, 401, 409, 419, 421, 431, 433, 439, 443, 449, 457, 461, 463, 467, 479, 487, 491, 499, 503, 509, 521, 523, 541, 547, 557, 563, 569, 571, 577, 587, 593, 599, 601, 607, 613, 617, 619, 631, 641, 643, 647, 653, 659, 661, 673, 677, 683, 691, 701, 709, 719, 727, 733, 739, 743, 751, 757, 761, 769, 773, 787, 797, 809, 811, 821, 823, 827, 829, 839, 853, 857, 859, 863, 877, 881, 883, 887, 907, 911, 919, 929, 937, 941, 947, 953, 967, 971, 977, 983, 991 和 997。

经知道有无穷多的质数，其中一对质数相差 1，也就是 2 和 3。除了这一对质数之外，其他质数对之间至少相差 2①。在大于 2 的质数中，数学家强烈怀疑，有无穷多对尽可能"生活"在一起的质数。也就是说，他们强烈怀疑，有无穷多对彼此相差 2 的质数。就像是北极圈内的居民一样，"生活"在数轴远处的质数可能会以小群体的形式聚集，群体内部关系十分紧密，但群体之间隔着遥远的距离。

数学家们也给那些相差不大，但差距大于 2 的质数对起了名字。比如，两个相差 4 的质数被称为"表兄弟质数"（cousin prime）。所以，7 和 11、19 和 23 是表兄弟质数。两个相差 6 的质数被称为"sexy prime"。这里的"sexy"一词没有下流不堪的意思，它从拉丁语的"sex"一词引申而来，意为"六"，因此人们也称其为"六质数"。例如，5 和 11 就是六质数——它们都是质数，且二者相差 6。当然，这些质数对之间的亲密程度很少能与孪生质数相媲美。

张益唐的发现为什么如此令人激动？虽然在数轴上，7000 万和 2 相距很远，但至少**还在数轴上**，这一点比无穷大要强很多。也就是说，张益唐首次证明了，存在着无穷多相差**某个有限数**的质数对。这个事实让数学家们大大增加了有朝一日能成功证明孪生质数猜想的信心。

"我的心里很平静。我无所谓名，也无所谓利。我就想安安静静地独自工作。"[34] 从默默无闻一跃成为数学界的明星人物之后，张益唐如此说道。

自从张益唐的成果发布以来，数学界正通力合作，以求降低他给出的差值。如今，我们知道存在着无穷多对相差不过几百的质数。如果这个差值有一天能被降低到 2，那么孪生质数猜想就可以正式被改名为孪生质数定理了。

如果那一天真的来临了，数学家们就能安心地睡上一觉了，因为他们知道，即使数轴的远端质数分布稀疏，但其中无穷多个质数会拥有一个同伴——它的孪生质数。孪生质数之间靠得极近（除了 2 和 3 之外），它们不会孤单。

---

① 这是因为除 2 之外的所有质数都是奇数。因为比 2 大的偶数都可以被 2 整除，所以它们不能是质数。

当你在数学学习和人生理想中挑战自我的时候，也应该寻找志同道合的伙伴，和他们保持紧密的联系。无论你要去地球上人烟稀少的偏远地区，还是数轴的远端，带上朋友一起去吧。

第 21 题

认识质数的最好玩法之一，是寻找具有特定属性的质数。除了孪生质数、表兄弟质数和六质数之外，还有许多已被命名的特殊质数，下面列出了其中一部分。请找出所有小于1000的符合下列条件的质数。

- 质数数位质数。一个所有数位都是质数的质数。例如，22 357 是一个质数数位质数，因为它本身是质数，而它所有的数位——2、3、5 和 7 也都是质数。

- 环状质数。在环状排列后仍是质数的质数。例如，1193 是一个环状质数，因为 1193、3119、9311 和 1931 都是质数。

- 回文质数。一个既是质数又是回文数的整数。例如，13 831 是一个回文质数，因为它是质数，且不管正着看还是反过来看，得到的都是一样的数。

- 四元质数。一个从左到右读、从右到左读、从右往左的镜像和从上往下的镜像都是同一个数的质数。例如，1 008 001 是一个四元质数，因为不管是从左往右、从右往左，还是左右镜像、上下镜像，得到的都是同样的数。

第 22 章
毛球定理：放弃完美主义

数学家们经常会说："你不可能完全抚平一个毛球。"这句话抓住了"毛球定理"的精髓——虽然这个名字有点儿滑稽，但它是一个真正的数学定理。

想要理解毛球定理，你首先要了解数学家中那些被称为拓扑学家的人所说的"球"是什么意思。凡是可以通过拉伸或收缩，且无须切割或黏合就可变为球形的物体，都被视为一个球。在脑海里想象一个用可塑性材料（如黏土）做的玩具牛（这个玩具牛没有用来消化和排泄的消化系统），由于你可以通过拉伸或收缩，且无须切割或黏合就可以把这头牛捏成球形，因此拓扑学家会认为它和球之间没有区别。

从一头玩具牛开始，把牛压扁，捏成球状

免责声明：在画这幅草图时，没有任何动物受到伤害

但是，球和甜甜圈就不是等价的，因为如果不在球上戳个洞，就无法得到甜甜圈的形状。

要把球 变成一个甜甜圈 ，你要先在球上戳个洞 ，然后把它压扁变成甜甜圈的形状 ，但拓扑学里不允许戳洞，所以球在拓扑学上不能和甜甜圈等价。

接下来，你需要理解一个叫作"连续向量场"的数学构造。你可以把一个向量理解为一个有特定长度和方向的箭头。以下都是不同的向量。

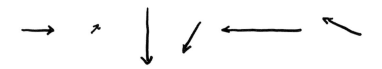

某一平面上（如纸面或球面）的向量场，是赋予那个平面上所有的点一个特定的向量。例如，下图就是在一张矩形纸面上的向量场。

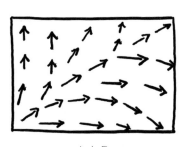

一个向量场

要注意的是，所有向量场拥有的向量数量比上面那张草图里画出来的多。换句话说，向量场中每一个点都有它所对应的向量。为了填补这张向量场草图上的空白点，不妨想象（最好还是画出来）其中有更多遵循已有规律的向量。比如，上面那张草图所描述的向量场中还可以添加更多的向量。

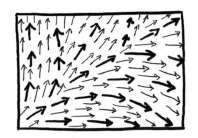

遵循规津画出更多的向量

　　如果一个向量场被称为"连续的"，那就意味着你可以放大该向量场中的任意一个点，并且观察到这里的所有向量都看起来方向一致。上图所画的向量场就是连续的。下面这张图说明，这个向量场里的 3 个点经过检查，成功地满足了这个条件。当然，要决定一个向量场是否连续，我们必须检查向量场中的每一个点。

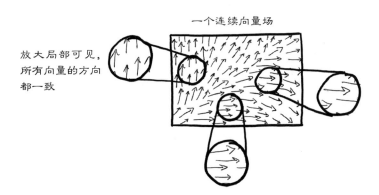

　　有时候，你会在一个向量场中看到一个不是箭头的点。向量场中的点被称为"零向量"，代表向量场中的"消失点"。向量场中的点常常能突出向量场的不连续性。在一个不连续的向量场中，存在着至少一个点——无论如何放大这个点，我们都不会看到所有向量指向同一方向。下页是两个不连续向量场的例子。

一个不连续向量场

无论如何放大上图中的点，
都不会观察到所有向量指
向同一方向

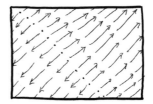

另一个不连续向量场

情况与左图相同

气象学家经常通过在地球模型表面放置描绘风的箭头来创建向量场：箭头的方向表示风向，箭头的长度表示风速，长箭头表示强风，短箭头表示弱风，没有箭头则表示无风。

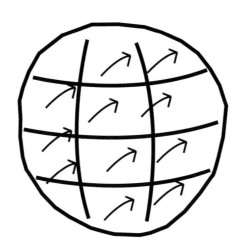

请记住，向量是直的，而球体的表面是弯曲的。因此，球面上的每一个向量与球面只有一个接触点，即向量起始的那个点。

毛球定理说的是，球面上不存在连续而又没有消失点的向量场。换句话说，如果球面上的每个点都被分配了非零向量，在放大球体时，不可能所有向量都看起来指向同一个方向。球体上的向量场某处总会存在着一个零向量。这个定理的名字的来源就是把球体想象成一个球，把向量想象成球上的毛。当想要"抚平"毛球的时候，你会发现总是需要一个消失点。消失点上的毛会朝上竖立，远离球面。你无法把它"抚平"，也就是说，你无法把毛梳回球面上，让所有毛都顺溜地贴在球面上。这类尝试都会得到至少有一根毛仍然竖立着的结果。

当用球面向量场来表示地球上的风场时，毛球定理的意义在于，它表明地球上总有至少一个地方没有风。我们已经知道，本章开头提到的玩具牛和球在拓扑学家眼中没有区别，因此你也可以把这个定理改写为："每头（玩具）牛都有一根梳不平的乱毛。[①]"也就是说，无论怎样梳理玩具牛身上的毛，最后总会留下至少一根竖立着的毛。

对于我们这些憧憬完美的人来说，一想到毛球抚不平，就会觉得有些不安。毛球定理提醒我们，所谓"完美"往往是不切实际的目标。无论在数学研究还是在人生中，尽力而为往往就足够了，甚至是令人满意的。尽力做到最好，哪怕你的"最好"并不完美。

第 22 题

如上文所述，拓扑学家喜欢说每头牛都有一根"梳不平的乱毛"（cowlick）。假如这里所说的牛身上唯一的"洞"是它的消化系统，请判断这个说法是否仍然正确。

---

① 原文为 every (toy) cow has a cowlick，此为双关语。cowlick 在英文中的意思是梳不平的乱发。——译者注

第 23 章

解决费马大定理：享受追寻答案的过程

1630 年，皮埃尔·德·费马在一本希腊语数学书的页边空白处随手写下了一条注释，宣称如果 $n>2$，那么等式：

$$x^n + y^n = z^n$$

无 x、y 及 z 的正整数解。当 $n=2$ 时，这个等式有无穷多个解，包括：

$$3^2 + 4^2 = 5^2$$
$$1^2 + 1^2 = (\sqrt{2})^2$$

你可以自己查验一下这些等式是否正确。但是，在很长时间内，没有人知道是否真的有 x、y 及 z 可以满足

$$x^3 + y^3 = z^3$$
$$x^4 + y^4 = z^4$$

或者

$$x^{6321} + y^{6321} = z^{6321}$$

费马认为这些 x、y 及 z 不存在，但没有给出证明。数学家们相信这条论断终有一天会被证明，所以将其称为费马大定理，或费马最后定理。这项工作足

足跨越了三个多世纪，有些数学家至死都未能知晓费马是否正确。但这一路走来，还是有收获的。寻找证明的过程满足了人类对知识的渴望。这个历程解开了代数数论中许多原本不会被发现的秘密。这一努力给数学家们带来了活力，推动了数学的发展。

数学家安德鲁·怀尔斯在十岁时，在他家附近的图书馆中第一次看到费马大定理。他对这个看起来十分简单却仍然没有答案的问题着了迷。后来，他在剑桥大学拿到博士学位后，没有被300多年来数学家们试图解决这个问题时所遭遇的失败吓倒，而是关注解决问题的历程。从早上醒来至晚上睡觉之前，他一直在研究这个问题，而且这项工作通常是在家中进行的，以便减少普林斯顿大学的日常工作带来的干扰。除了妻子之外，他没有告诉任何人自己的追求。为了保守秘密，他以缓慢但稳定的节奏发表了他之前得出的完全不相关的研究成果。他准备在很长一段时间内都以这种方式工作。

到了1993年的某一天，他成功了！怀尔斯向全世界宣布这个消息的方式有些调皮。他在英国剑桥大学的牛顿数学科学研究所做了三场系列讲座，题为"模形式、椭圆曲线和伽罗瓦表示"。讲座的题目看上去与费马大定理毫无关联。在第一场讲座结束后，听众意识到怀尔斯的讲座展现了多年来未曾公开却分量十足的研究成果。他们开始窃窃私语：难道怀尔斯要引出费马大定理的证明？他的第二场和第三场讲座的听众人数大增，有的人不得不在房间外面的走廊里站着听讲。有人通知了媒体。最后，在第三场讲座即将结束前，怀尔斯的演讲达到了高潮：他成功证明了费马大定理！听众中有人发出了惊叹，随之爆发出一阵阵掌声。

电视台的工作人员来了。记者们在全世界的报纸上争相报道了怀尔斯的突破。挪威科学与文学院给怀尔斯颁发了阿贝尔奖。服装品牌Gap邀请怀尔斯当牛仔裤的模特（他拒绝了）。美国的《人物》杂志把他与奥普拉·温弗里、克林顿夫妇，以及黛安娜王妃一同列入"年度25位最有趣人物"。怀尔斯的成果给他带来了名利——众多奖项为他提供了奖金。但在解决这个问题后，他仍然感到些许忧伤：

这明明是一个很好的结局，我的心情却很复杂。在过去的七年中，这个问题已经成了我生命的一部分。它就是我的工作和生活。我太沉迷于这个问题了，以至于我真的认为自己可以独自拥有它，但现在我要放手了。我感觉像是放弃了自己的一部分。[35]

做数学是要讲究过程的。换句话说，一道数学题最后得到的答案——无论是 $\frac{2}{3}$、17、π 还是 $\sqrt{5}$——往往并不重要。许多人喜欢把看似难以解决的、不相关的细节组织成几行诗意的数学。怀尔斯在结束了他的探寻后所感到的忧伤，是人之常情①。从某个角度来说，他最快乐的时光其实是尚未解决问题时那些做研究的日子。即使有时会辛苦，享受追寻数学和人生答案的过程吧。

第 23 题

在安德鲁·怀尔斯成功之前，数学家致力于证明费马大定理已有数个世纪。本着关注和珍惜研究过程的精神，你可以试着思考一下另一个易于表述的著名数学问题：考拉兹猜想。这个猜想如下：

- 从任一正整数开始；
- 如果该数为偶数，将其除以 2；如果该数为奇数，将其乘以 3 再加上 1；
- 对新得到的数重复这一步骤。

考拉兹猜想声称，如果你一直重复这个步骤，最后总会得到 1。比如，你从 7 开始，过程如下页图所示。向上的箭头表示数变大，向下的箭头则表示数变小。

---

① 事实上，有人曾在他的证明中发现了错误，于是他又获得了一次继续研究的机会。他成功地改正了错误，重新确立了他的突破性成果，但忧伤的心情再次随之而来。

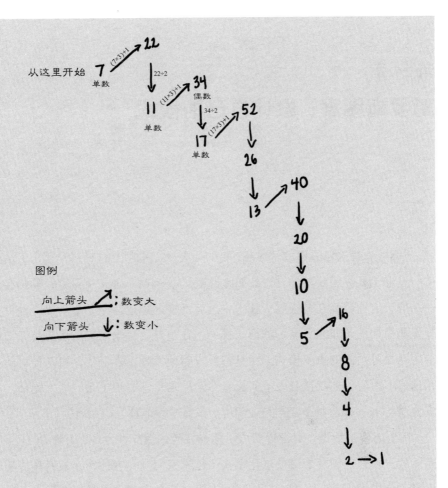

自己选一个数，看看是否会回到 1，然后再试试另一个数。在这个练习中，你也加入了思考该问题的数学家群体中。事实上，数学家们已经用超过 2^{60} 个数查验过这一序列的步骤，结果都是 1。但是，你能否发现一个可以推翻考拉兹猜想的数呢？数学家们仍未排除这一可能性。在你实验考拉兹猜想的这些步骤时，不要担心能否最终证明猜想。从这一过程产生的数中，你发现了什么？尝试给出自己的猜想吧！你的猜想可以与考拉兹猜想有关，但不要与之相同。然后试着证明自己的猜想。

第 24 章

彭罗斯图案：设计自己的模式

"不可能有这样的构造。" 1982 年的一天，工程师及材料科学家丹·谢赫特曼经过电子显微镜观察，对自己如此说道 [36]。当时，他正在研究一种铝锰合金的结构，这种合金在航空航天技术中具有潜在的用途。原子似乎以一种可预测却呈非周期性（即非重复）的模式排列。在当时，科学家普遍认为晶体结构只会表现出可预测的重复模式。谢赫特曼宣布他发现了准晶体，科学界对此并不相信，不久后，他就被赶出了实验室。诺贝尔化学奖得主莱纳斯·鲍林甚至斥责他道："丹·谢赫特曼完全是在胡说。没有'伪晶体'，只有伪科学家 ①。" [36]

随着时间的流逝，科学界认可了谢赫特曼的爆炸性发现，并于 2011 年因准晶体的发现为他颁发了诺贝尔化学奖。化学家们当初为什么会被谢赫特曼的发现打了个措手不及呢？在 20 世纪 70 年代，数学家罗杰·彭罗斯爵士设计出了他自己的图案——彭罗斯图案。彭罗斯图案与谢赫特曼后来在实验室里发现的准晶体有着共同的特征。这个戏码在科学史中反复上演：首先，数学家们发现了一些理论数学上的概念；往往在过了很久之后，科学家们会在自然界中观察到这个抽象概念。鉴于彭罗斯之前的发现，我们不该问"准晶体怎么可能存在于自然界中？"，而该问"什么时候才会在自然界中观察到准晶体存在的证据？"。

---

① 原文为 There are no quasicrystals, just quasi-scientists，此处将 quasicrystals 译为伪晶体，因为原文 quasi-scientists 意思明显指伪科学家。——译者注

在彭罗斯图案出现之前，对于家用壁纸上常见的二维对称图案所拥有的各种可能性，数学家们的理解仍然十分有限。大多数人曾经认为，所有二维图案表现出的自相似性完全可以用三种刚体运动来描述——平移、旋转和反射，或者它们之间的组合。比如说，基于平移对称性的一块壁纸可以像在计算机上一样"剪贴"，且不允许放大或缩小。当这块壁纸在一个固定方向上被平移了一段固定距离后，再返回与自身重叠，没有人会意识到它曾经被移动过。

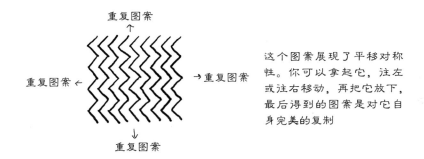

这个图案展现了平移对称性。你可以拿起它，注左或注右移动，再把它放下，最后得到的图案是对它自身完美的复制

另一种长期以来被人熟知的常见二维图案是基于旋转对称性的。一个旋转对称图案可以围绕一个点严格地旋转一个固定的度数，然后仍能与自身重叠。

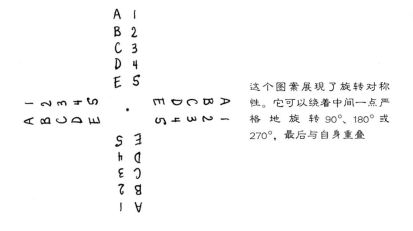

这个图案展现了旋转对称性。它可以绕着中间一点严格地旋转 90°、180° 或 270°，最后与自身重叠

很多二维图案也呈现出大众熟知的反射对称性，即平面上的图案以一条线

为轴进行严格的反射，然后仍能与自身重叠。

这个壁纸图案展现了反射对称性。鸭子以一条无形的线为轴不断进行反射

有些二维图案采用了平移、旋转和反射的组合。尽管室内装潢店里出售的壁纸种类繁多，但令人惊讶的是，基本图案的种类却很少。换句话说，基于平面内平移、旋转和反射这些刚体运动组合的壁纸设计，总能被归类为区区 17 种不同壁纸图案中的一种。

但彭罗斯图案不是基于平移、旋转或反射的二维图案。它们表现出一种比例上的对称性——我们很快就会解释这是什么意思。下图是由两个几何形状"风筝"和"飞镖"组成的彭罗斯图案。

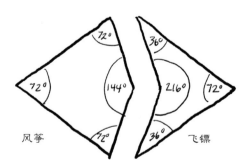

若用这些"风筝"和"飞镖"的形状组成一个彭罗斯图案，你首先要保证形状之间不会互相重叠，中间也不会留空隙。你还要确保，当把一个"风筝"或"飞镖"放到另一个"风筝"或"飞镖"旁边时，下页图中的点是对齐的。

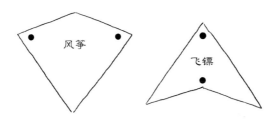

在看不见点的情况下，虽然"风筝"和"飞镖"可以连接在一起，形成一个菱形（一个所有边都相等且对边平行的二维图形），但这样的连接在彭罗斯图案中是不被允许的，因为它违反了必须将点对齐的要求。

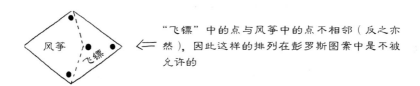

"飞镖"中的点与风筝中的点不相邻（反之亦然），因此这样的排列在彭罗斯图案中是不被允许的

基于必须将点对齐的要求，一共只有 7 种方法能将"风筝"和"飞镖"组合成围绕着一个中心点的图案。

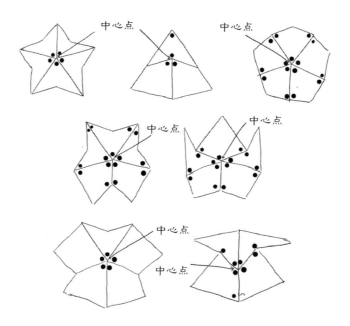

用这 7 种被允许的"风筝"和"飞镖"的组合方式，你可以制造出无穷多种彭罗斯图案。每个彭罗斯图案都可以在二维空间里无限延伸，而且都拥有自相似性。如上文所述，这种对称是一种比例上的对称。换句话说，在一个彭罗斯图案中圈出任何一个局部区域，你都能在该彭罗斯图案中的其他地方找到它的完美复制品，但会更大一些。彭罗斯图案之所以拥有这种可能性，部分原因是彭罗斯图案的任何区域都可以由较小的"风筝"和"飞镖"拼接组成。例如，下图中较小的十边形会以一个更大的比例在图案中再次出现。

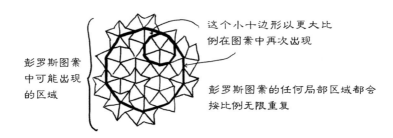

这个小十边形以更大比例在图案中再次出现

彭罗斯图案中可能出现的区域

彭罗斯图案的任何局部区域都会按比例无限重复

令人惊奇的是，这种比例上的自相似性会发生无数次。下图是彭罗斯图案的一个例子。因为它在设计上不会重复，所以我们不可能想象出整体图案是什么样的。

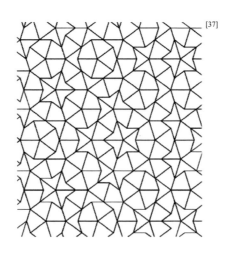

[37]

随着时间推移，谢赫特曼和彭罗斯二人因对科学和数学的贡献而广受赞誉，彭罗斯还因此获得了爵位。但哪怕是这个爵位也没能保护彭罗斯不受侮辱。1997 年，舒洁公司将自产的"棉层"厕纸上原来基于刚性对称——平移、旋转和反射的重复性图案，换成了非重复性的彭罗斯图案。"棉层"上的图案可以提升厕纸的蓬松度，因此受到顾客的欢迎。在通常情况下，厕纸一旦被卷成一卷，"棉层"上重复的图案就会互相重叠，使卷纸变得不平整。根据舒洁公司的评估，彭罗斯的非重复性图案对于追求卷纸蓬松度和美观度的用户来说是一个福音。但彭罗斯本人并不觉得这是一件好事。

"当大不列颠人民受一个跨国公司之邀，未经允许使用一位爵士的作品擦屁股的时候，这冲破了我们最后的底线。"拥有彭罗斯作品专利的公司发言人戴维·布拉德利如是说[38]。今天，这些厕纸已经停止销售了。

数学和生活也许会给你带来挑战，正如它们给谢赫特曼和彭罗斯带来挑战一样。你在迎接挑战时，不妨设计出属于你自己的路线（图案），表现出你的一致性（自相似性）。你采用的图案是属于自己的，即使这条路有些与众不同，但不要对自己说："不可能存在这样的构造。"也不要听别人说："你只有几条路可以选择（比如只有十七种）。"你的人生之路应该由你自己决定。珍视它，不要让别人亵渎它。

第 24 题

判断下页的壁纸图案采用的对称形式：平移、旋转或反射。注意：一种壁纸图案可能拥有不止一种对称形式。你可以认为这些壁纸在所有方向上都能无限延伸。

第 25 章

0.999...=1：尽可能保持简单

0.999... 后面的省略号表示这个数拥有无限重复的小数。因此，无论是插入方程还是仅仅被描述一下，这个数都显得有些笨重。有没有一种更简单且不失精确的办法来使用 0.999... 这种数呢？

如果你花点儿时间用这个数做些实验，你可能会发现：

让 $x = 0.999...$

那么 $10x = 9.999...$

且 $10x - x = 9x$

这等同于 $9.999... - 0.999... = 9$。

所以 $9x$ 一定等于 9。

且因为 $9x = 9$，所以 x 一定等于 1。

但是 $x = 0.999...$

所以 $0.999... = 1$。 ■

数学家们用一个黑色的方框来表示证明完成了

在数学中，"等号"的意思就是"等于"。换句话说，1 不仅仅是 0.999... 的一个较好的近似值。如果仅是近似值的话，那你只能把它写成 $0.999... \approx 1$（这里弯曲的等号表示"约等于"）。然而，你可以堂堂正正地写下 0.999...=1，这表示 0.999... 和 1 完全相等，可以互换。如果在使用 0.999... 的地方，把它换成 1，你不会丢失任何精确度。

0.999...＝1，好吧，在数学学习和生活中，记得尽可能保持简单。

第 25 题

找到一个更简单的方法来表示 99.999...。

第 26 章

维维亚尼定理：换个角度看问题

人类有时候觉得，永远待在同一个地方更轻松自在。我们喜欢守着熟悉的事物，偏爱自己的舒适区。即使变化是必要的，但有时还是让人觉得可怕。当我们必须变化的时候，维维亚尼定理给我们吃了一颗定心丸：改变视角不需要从根本上改变环境。想象一下这个场景：你站在等边三角形内的一个点上，并向周围的三条边看去；这时，你意识到去往每条边的最短路线是你与边之间的那条垂直线段。如果你想去三角形外面的世界看一看，你可能会踏上这三条与边垂直的路线。但是，这三条垂线段的总长度是多少？你在三角形内的起始点位置会不会影响这三条线段的总长度？

你站在等边三角形
内的一个点上

三条垂线段的总长
度是多少？

（表示角为 90° 的垂直符号）

到每条边的最短路线是
从点到边的垂直线段

也就是说，如果你的起始点位置发生了改变，那么这三条垂线段的总长度会不会改变？

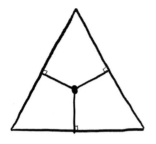 

假设起始点不同，那这三条垂线段的总长度会不会变？

维维亚尼定理向你保证，你在三角形内的起始位置并不重要——这三条垂线段的总长度永远都是一样的。而且，它们的总长度等于这个等边三角形的高。

 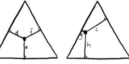

小写字母表示线段长度

根据维维亚尼的定理：等边三角形的高 = $a+b+c=d+e+f=g+h+i$

维维亚尼定理为什么成立呢？最初的证明依赖代数研究。但是，数学家川崎谦一郎提供了一个可视化证明[43]。他从研究一个单例开始，随即意识到这个例子里的逻辑对于其他任何例子都有效。我们不妨思考一下下面这个例子。

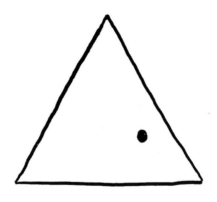

首先，过给定点画三条线段，这三条线段分别与等边三角形的三条边平行。

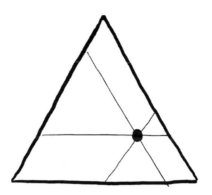

现在，你得到了三个更小的等边三角形。

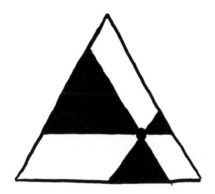

你可以在这三个小等边三角形里用白色画上与三条边垂直的线段。

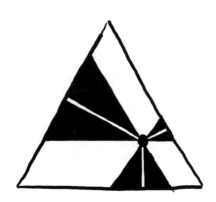

现在，旋转这三个小等边三角形，直到三条白线（也就是它们的高）都处于竖直状态。由于它们都是等边三角形，它们的高在任一方向上的长度都相等。同时，它们在旋转后仍然能回到旋转前的位置。

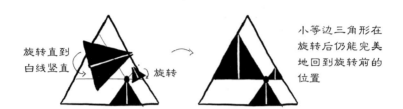

现在，向上滑动其中一个小等边三角形，直到它完美地滑入外侧三角形的顶端。有两种办法能做到这点，随便选哪种都可以。

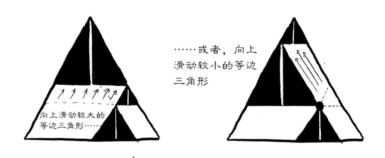

假设你把三个等边三角形中最大的那个往上滑至外侧三角形的顶端，那么这个三角形的高就和外侧三角形的高部分重合了。现在把另外两个小三角形平移，直到它们的高也分别与外侧三角形的高部分重合。注意：这里的平移十分严格，因此可以保证三角形的高不变。

维维亚尼定理指出，从等边三角形内任意一点到其边的垂直线段长度之和等于该等边三角形的高。由于该定理并不依赖该点的特定位置，因此对于不同的点，垂直线段的长度之和不变。

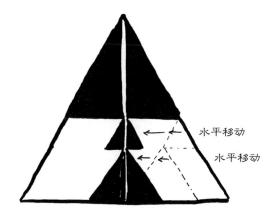

维维亚尼定理提供了一个隐喻：变换视角并不等于变换一切。你的人生路线可能会发生变化，但前路上的某些方面可能（甚至往往会）仍然保持不变。

第 26 题

为了确定维维亚尼定理是否适用，你需要从一个等边三角形开始。如果开始时不用等边三角形会发生什么？也就是说，如果你的起始点在一个不等边三角形内，你是不是仍然能保证无论这个点的位置在何处，它到三条边的垂直线段长度之和保持不变？解释一下，为何垂线段总长度能保持不变，或者举一个反例。

提示：每当你碰到这种证明或反证的题目，不如都先从找一个反例开始。如果你成功找到了一个反例，那这道题就做完了——一个反例就够了。即使你没能成功找出反例，在寻找过程中，你也很可能洞察到"一个反例都不存在"的原因，从而为证明提供基础。

第 27 章

莫比乌斯带：探索的乐趣

一颗网球有两个面——里面和外面，且没有边。如果你的体型小到可以在网球上行走，那么你只能站在网球外面，因为没有路可以让你走进网球里面。

在网球外面行走的时候，没有通向网球里面的路

一张纸也有两个面——正面和背面，还有分隔正、背两面的边。如果你的体型小到可以在一张纸的正面上漫步，那么想到达纸的背面就必须越过那条边。

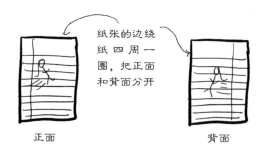

纸张的边绕纸四周一圈，把正面和背面分开

正面　　　　　　　　　背面

现在想象一下，你在另外两个物体上行走：一条环形带和一条莫比乌斯带。

你应该把这两样东西都做出来，再继续思考。制作步骤很容易，还能提高对即将到来的问题的探索能力。制作一条环带，要先从一条纸带开始——它的具体大小实际上并不重要，你只需要做一条足够长的长方形纸带就行；然后，把两条短边粘到一起，你就得到了一条环形带。

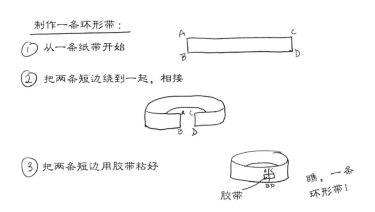

要制作一条莫比乌斯带，也要先从一条长长的纸带开始。这一次，在把两条短边粘到一起之前，要先把纸带旋转半圈。看，一条莫比乌斯带做好了！

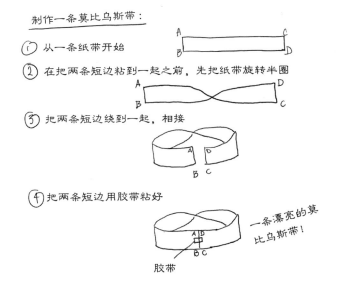

就像之前思考网球和纸张的面和边一样，思考一下环状带和莫比乌斯带的面和边。先从在环形带的一条边上"散步"开始。你注意到了什么？

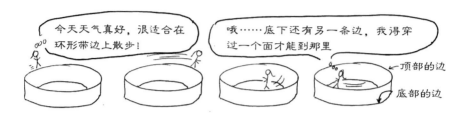

你在"散步"的时候，可能会注意到自己所在的边与环形带上另一条独立的边有所不同。如果你想从所在的边走到另一条边，那你就得从这条边上走下来，穿过环形带的一个面，才能到达另一条边。

同样，如果你在环形带的一个面上，而且只想在该面上随便走走，那就不用跨越任何一条边。但你若想到另一面去——分开的、独立的第二个面——就得跨越其中一条边。根据上述在环形带上散步的思想实验，你就能确认环形带不光是看起来，实际上也确实有两条边和两个面。

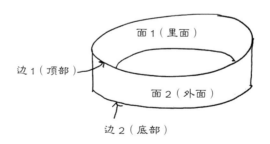

到现在为止，你的研究已经表明了如下信息。

物体	边的数量	面的数量
网球	0	2
纸张	1	2
环形带	2	2

可以看到，所有这些物体都有两个面。也就是说，它们要么有里面和外面，要么有正面和背面。停下来想一想：有没有物体只有一个面呢？只有一个面的物体是什么样子的？

你能想象得出这样一个物体吗？如果想不出来，不妨试着在莫比乌斯带上探索一下。从莫比乌带的其中一面开始——你可以试试用一支笔来描出你的路线。你在莫比乌斯带上沿这一面行走，这时你发现了什么？你是不是只有跨越一条边才能到达另一个面？

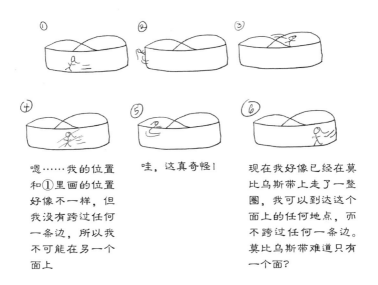

④ 嗯……我的位置和①里画的位置好像不一样，但我没有跨过任何一条边，所以我不可能在另一个面上

⑤ 哇，这真奇怪！

⑥ 现在我好像已经在莫比乌斯带上走了一整圈，我可以到达这个面上的任何地点，而不跨过任何一条边。莫比乌斯带难道只有一个面？

如果你无法在莫比乌斯带上找到到达另一面所需跨越的一条边，那是因为它根本没有"另一面"。莫比乌斯带是一个只有一个面的物体。

现在来确定一下莫比乌斯带有几条边。用笔沿着莫比乌斯带的一条边上走，直到回到出发点。你注意到了什么？

你在行走时已经把所有边都涂上了颜色——没有另一条边。莫比乌斯带是一个有着一条边和一个面的物体。

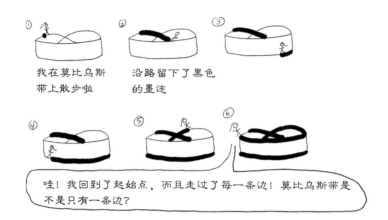

你对构成有序世界的事物的概念依赖直接的经验。如果你只接触过有里面和外面的物体，或者有正面和背面的物体，那么当你发现一个有里面但没有外面，或有正面但没有背面的物体时，你会感到非常惊讶。对数学和生活追求的探索将拓展你的视野。当你的世界观得到扩展之后，你会呼吸更顺畅，拥有更多微笑。毕竟，你现在已经知道了，有一种东西是片面的、单边的。

第 27 题

拿起你的环形带和莫比乌斯带，想象一下，沿着以下草图中的中线剪开它们。

将环形带沿虚线剪开   将莫比乌斯带沿虚线剪开

你认为能剪出什么样的物体？该物体有几条边、几个面？在想出答案之后，把两条带子剪开，验证一下你的猜想。

第28章

质数的无穷性：勇于持有不同观点

你有没有为了自己所坚信的事情（无论数学还是其他方面）而情绪高涨过？或许你的心跳加速，或许你想跺脚大喊："这不可能是真的！"把这份热情投入你的数学追求中去吧。许多最好的数学论证都源于想要反对某条陈述的欲望。克制的作用被高估了。喧闹的争论或许更能让人拥有深刻的见解。有时，要坚持你与别人不同的意见。

思考一下这个问题：质数的集合是有穷的还是无穷的？回想一下，质数是一个比 1 大、仅能被 1 和自身整除的自然数。例如，5 是质数，因为它只能被 1 和 5 整除。同样，17 也是质数，因为它只能被 1 和 17 整除。但 12 就不是质数，因为它可以被 1、2、3、6 和 12 整除。同样，9 也不是质数，因为它可以被 1、3 和 9 整除。

若将质数按从小到大的顺序排列，序列的开头如下。

2, 3, 5, 7, 11, 13, 17, 19, 23, 29, 31, 37, 41, 43, 47, 53, 59, 61, 67, …

对于数学家来说，质数就像原子对于化学家一样特殊。也就是说，就像原子是物质的最小不可分割单位一样，质数是我们的数字系统中最小的不可继续被分割的单位。而且，正如原子可以通过化学键组合，构成宇宙中的所有物体，质数也可以通过乘法结合，组成所有比 1 大的自然数。

例如，24 是一个非质数的自然数。你可以用更小的、不可继续分割的质数相乘的方式来表示 24：

$$24 = 2 \times 2 \times 2 \times 3$$

事实上，任何比 1 大的自然数都可以用质数的乘积来表示。此外，如果你将乘法算式中的质数因子按升序排列，那这样的质数乘积表达式对每一个数来说就是唯一的。

若要生成一个完整的正整数列表，你可以从数字 1 和完整的质数集开始[①]。一个不完整的质数集是不能生成所有比 1 大的自然数的。例如，如果质数集中漏掉了 5，那就没办法从该质数集中通过乘法来得到 5 了，还有更多数因此不能被生成，包括 10、15、20、25，等等。若想得到所有非质数的正整数，你需要 1 和完整的质数集。质数集是能够完成这个任务的最小集合。

回想一下质数之于正整数相当于原子之于物质的比喻，若想回答"质数集是否无穷"这个问题，你可能会想到用观察元素周期表来获取一些灵感。一个元素完全由同一种原子构成。元素周期表中共有 118 个元素，其中大部分以组合的形式来构成宇宙中的所有（非暗）物质[②]。也就是说，一头大象不在元素周期表上，但元素周期表里有构成大象的所有必要成分。同样，元素周期表上的元素也可以组合成空气、呼啦圈、铅笔、血液、行星、岩浆、鼻涕、黑洞、汽车以及宇宙中的其他所有物质。这难道不是很神奇吗？与"宇宙中的所有物质"这种规模相比，118 这个数（或者 118 再加上一点）并不大。根据上述比喻，你可能会猜测质数集像元素周期表上的元素集合一样，是有穷的。但任何一个数学家都会告诉你，质数集其实是无穷的。

但你不用盲目听信这些数学家的话。如果你不加论证，就接受别人所说的

[①] 注意：质数都是正整数；但不是所有的正整数都是质数。

[②] 一个量子力学模型允许再多出几种元素，但元素的总体数量仍是有穷的（除非当今的原子理论被推翻）。

"质数集是无穷的"这句话，那你就不能洞察支持这一说法背后的理由。为什么不试着争论一下呢？最坏的结果（事实上都不能算是一个坏结果）是你逼着自己更深入地研究这个问题。最好的结果（实际上是一个非常好的结果）是你逼着自己更深入地研究了这个问题，并在此过程中清除你之前的一切误解。

数学家们一直都用相反观点互相争论。数学家们甚至为这种争论方式赋予一个术语："反证"。支持"质数集为无穷的"最著名的论证是从假设质数集有穷开始的（别忘了，真相是质数集是无穷的）。下面这个论证不是已被数学家整理过且公之于众的版本，而是数学家在证明过程中可能经历的版本。宋体字表示数学家写下的过程，楷体字表示数学家脑海中的想法，**粗体字**表示数学家在大声叫喊，下划线字表示数学家此刻内心比较平静。

主张：质数集是无穷的。

反证法：

我完全不能相信质数集是无穷的！

我坚持相信质数集是有穷的这一世界观。

由于质数集是有穷的，因此一定有一个最大的质数。

我把这个最大的质数称为 P。

我想一个人静静地好好想想。

如果考虑存在一个比 P 大的数，会发生什么？我可以把它叫作 N。

由于 N 比 P 大且 P 是最大的质数，因此 N 不是质数。

让我来找出一个具体的，而且绝对比 P 大的 N。

试试这个：$N = (2 \times 3 \times 5 \times 7 \times \cdots \times P) + 1$。也就是说：

将 N 表示为所有比它小的质数的乘积，再加 1。

我已经构造了一个绝对比 P 大的 N。我是故意要这么做的。

不要忘了：N 绝对不是质数。

因为 N 不是质数，所以它肯定能被一些比它小的质数整除。

所有比 N 小的质数列表为：2, 3, 5, 7, …, P。

2 这个质数能不能整除 N？

因为 2 可以整除 $(2 \times 3 \times 5 \times 7 \times \cdots \times P)$，但不能整除"+1"这个部分，所以 N 不能被 2 整除。

3 这个质数能不能整除 N？

因为 3 可以整除 $(2 \times 3 \times 5 \times 7 \times \cdots \times P)$，但不能整除"+1"这个部分，所以 N 不能被 3 整除。

同理，5, 7, …, P 都不是能整除 N 的质数。

所以，N 没有质因子。

现在，我相信 N 一定是质数。

啊，糟了！*之前我说过 N 一定不是质数！*

我**确定** N 不能既是质数，又不是质数。

所以，我一定在开始的假设上犯了一个错误。呃！

让我回顾一下，找出这个让我走上歧路的假设。

然而，我只做过一个假设——质数集是有穷的。

哎呀！我明白这个假设一定是错误的，因为它导致了完全**不合常理**的结论：N 既是质数，又不是质数。

我最好还是回去修正一下这个错误的假设。**我可不想看起来像个傻子**！

<u>也就是说，质数集一定是无穷的。</u>

哦，我现在知道了，质数集一定是无穷的。

这个过程也许有些曲折，但我找到了通往真相的道路。

我现在真的相信，质数集是无穷的。

<u>我平静了，甚至感觉很不错。</u>

质数集是无限的。

这是一次令人满意的思想历程。

当然，数学家们在写证明的时候不会用到类似"啊，糟了！""哎呀！"和

"我可不想看起来像个傻子!"这类词语和句子。此外,他们还会把多余的话去掉,并采用第一人称复数(我们)而非第一人称单数(我)的方式来向所有前辈数学家致敬。不过,我这段未经删改的证明过程显示了一场精彩的反证背后所需的"暴脾气"。看看疯狂的假设可以把你带到何处。充满激情地去争论吧。如果你走错了路,只需要回到上一个正确的地方,改正错误,再继续前进。在书桌前工作的数学家可能像画室里的画家一样"邋遢"。勇于持有不同的观点,让热情推动你前行。

第 28 题

有没有无穷多的非质数?证明你的答案。

第 29 章
博弈论：尽可能合作

在数学领域，博弈论中所谓的"博弈"是一场决策者之间的策略互动。让我们看一个著名的博弈论例子：囚徒困境。在这个故事里，一个歹徒和同伙抢了银行。抢完之后，歹徒把钱藏在了银行门外的一个垃圾箱里，然后开着车飞快地逃走了。在离银行不远的地方，歹徒被抓住了，同伙也被抓了。他们被带到警察局，关在不同的房间里。由于他们都持有枪械，两个人可能都会被指控非法持有武器。尽管警察高度怀疑他们抢了银行，但没有足够的证据在二人不认罪的情况下进行指控。当歹徒和同伙被分开关押的时候，二人都收到了以下条件。

- 如果歹徒和同伙都承认抢了银行，那二人将因非法持有武器和抢劫银行入狱，但可以各自减刑到 2 年；
- 如果歹徒和同伙中只有一人承认抢了银行，那么承认的人可以完全免于入狱，但未承认的人将因非法持有武器和抢劫银行服满 3 年刑期；
- 如果歹徒和同伙都不承认抢银行，那么警方将没有足够证据起诉他们抢银行的罪行。在这种情况下，二人将因非法持有武器而各服刑 1 年。

你可以把这些信息组织到一个图表中。

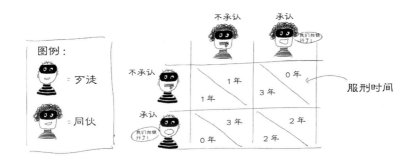

　　假设两人之间没什么真感情，歹徒的唯一目标是尽量减少自己的服刑时长，那他会怎么做呢？是承认，还是不承认？

　　在二人不能交流的情况下，要考虑一下同伙可能采取的行动。思考一下，如果同伙不承认的话，会发生什么。

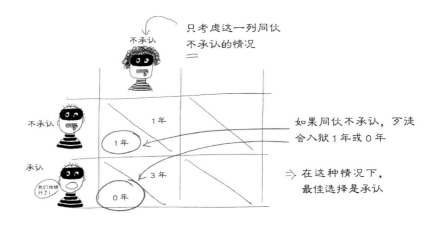

　　如果同伙不承认，歹徒要么入狱 1 年（如果他也不承认），要么不用服刑（如果他承认）。因此，如果同伙不承认，那么他最好的选择是承认。

　　下面来考虑一下如果同伙承认了，会发生什么。

　　如果同伙承认了，歹徒要么入狱 3 年（如果不承认），要么入狱 2 年（如果也承认）。因此，若是同伙承认，那么歹徒最好的选择是也承认。

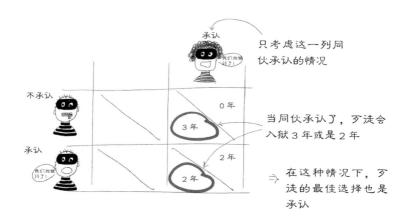

无论同伙选择什么——不承认或承认——在不能和同伙商量的情况下，最佳选择都是承认。同样想降低自己服刑时长的同伙也会使用类似的逻辑。因此，同伙也会承认。当两个人都承认时，他们将各自入狱 2 年[①]。囚徒困境有意思的地方在于，基于独立个体决定的最终结果并不是最佳的整体结果。也就是说，如果可以和同伙交流与合作的话，两人会决定都不承认，来获得每人 1 年的刑期，而非 2 年。

囚徒困境是博弈论中的一个思想实验，但它在现实中也有应用。换句话说，在人际、商业或政治谈判中，人、机构和国家之间进行合作是明智的选择。比如，两个国家不同意合作裁减核武器，得到的结果将可能比采取合作的结果更糟糕。在数学学习和生活中，合作之路与单打独斗相比，可能会通往更好的结局。

① 你已经看到博弈论中的纳什均衡了。纳什均衡以美国数学家约翰·纳什的名字命名。纳什是诺贝尔经济学奖获得者，也是小说和电影《美丽心灵》的主角原型。纳什均衡是指，在包含两个或以上参与者的非合作博弈中，即使每个参与者都知道其他参与者的策略，也没有参与者会有动机因别人的策略而改变自身策略，来使自身受益。

第 29 题

两国关系可被视为一场决策者之间的策略互动，因此它也可以被想象成一场有多轮谈判的博弈。博弈的规则描述如下：

- 如果一个国家在某轮谈判中使用了核武器，而另一个国家没有，则使用核武器的国家是赢家；
- 如果两个国家在某轮谈判中都使用了核武器，则两个国家在该轮都是输家；
- 如果两个国家在某轮谈判中都没有使用核武器，则两个国家在该轮都是赢家；
- 如果一个国家在某轮谈判中使用了核武器，那么另一个国家在下一轮中也会使用核武器。

把这些输赢的可能性组织到一张表格中。假设对于每个国家来说，如果输掉未知的、但有限多的轮次，会导致本国完全毁灭，那么，假如不允许两国协商合作，这场博弈会如何结束？假如允许两国协商合作，这场博弈又会如何结束？

第30章
若尔当曲线定理：少人问津的途径

诗人罗伯特·弗罗斯特在他的诗歌《未选择的路》中描述的也许正是若尔当曲线定理。他写道：

> ……树林里岔出两条小路，
> 我选择了人迹更稀少的那条，
> 因此走出了这迥异的旅途。[44]

若尔当曲线定理是一条关于简单闭合曲线的定理，当我们讨论"较少经过的"曲线时，它的含义更容易理解。一条曲线首先是一条线，它可能是直的、弯的，或者曲折的。这条线在一个平面中既有起点，也有终点。以下是起点为 A、终点为 B 的一些路径。

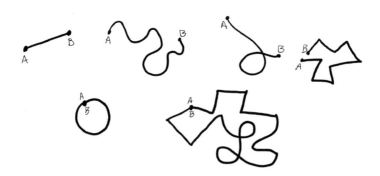

一条简单曲线是一条不与自身相交的线，但其起点和终点可以是同一个点。

简单曲线　　　　　　　　从 A 到 B 的非简单曲线

一条闭合曲线意味着，其起点和终点是同一个点。你可以把一条闭合曲线想成一个环，而非闭合曲线就像一根绳子，它可能是直的、之字形的，或在风中随风摇曳。一条曲线可以是简单闭合的、简单非闭合的、闭合非简单的，或者非简单非闭合的。

简单闭合曲线　｜　简单非闭合曲线　｜　闭合非简单曲线　｜　非简单非闭合曲线

若尔当曲线定理指出，所有平面内的简单曲线都将平面分成"内部"和"外部"。另外，内外的边界正是曲线本身。

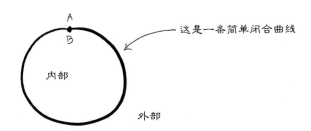

这句话似乎并不深刻，特别是在简单闭合曲线看起来非常"容易"或"明显"的情况下。

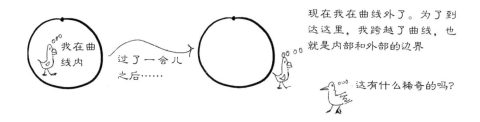

但有时候，你需要花点儿功夫才能确定自己是在曲线内部还是外部。也就是说，有些曲线可能会让你先得找出所谓"内部"和"外部"的含义。

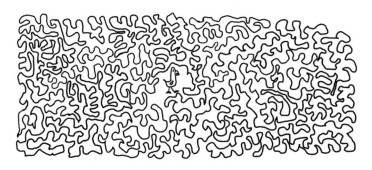

这只鸭子到底在曲线内部还是外部？

想确定一个点是在一条简单闭合曲线的内部还是外部，首先找出肯定位于曲线外部的一个点，然后画一条线将两个点连起来。

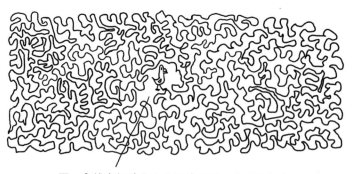

画一条线来把鸭子和曲线外部的一个点连起来

然后数一下你画的这条连线与曲线本身相交多少次。如果连线与曲线相交了奇数次，那鸭子就在曲线内部；如果连线与曲线相交了偶数次，那鸭子就在曲线外部。下图是鸭子与曲线的局部放大图。

局部放大后可以看到，连线与曲线相交了7次。由于7是奇数，因此鸭子在曲线内部

注意，一条非闭合曲线不能把平面分成内部和外部。

若尔当曲线定理看起来十分简单，但只有当你考虑的是普通曲线时才会如此。若尔当曲线定理的威力在于，它也适用于数学家们所说的"病态"曲线。一条病态曲线缺乏所谓"表现良好"的曲线所拥有的属性。例如，一条表现良好的曲线常常拥有有限的长度，存在区域也是有限大的。所以，一条闭合的空间填充曲线①被称为"病态"的——虽然它填充的区域有限，但它没有宽度。当

① 空间填充曲线具体在第44章中讨论。

你考虑一条简单闭合的空间填充曲线时，若尔当曲线定理看上去就一点儿也不简单了。换句话说，空间填充曲线看起来根本就不像曲线，因为它填充了整个空间。

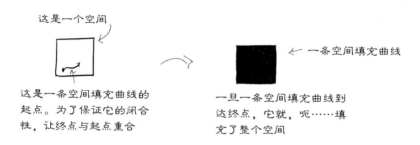

　　若尔当曲线定理保证的所谓"内部"和"外部"在哪里？空间填充曲线又是如何作为边界分开两者的？

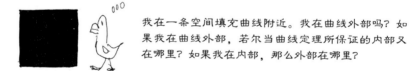

　　而且，一条表现良好的曲线往往是平滑的。因此，拥有无限锯齿的科赫雪花[1]（一条形似雪花的闭合曲线）也不能算作表现良好。下页图是我尽力描绘的一个科赫雪花，但如果想把它"看清楚"，你必须在脑海里想象这个雪花有无数个锯齿点，而不是光看这张只有有限个锯齿的简单草图。

　　面对科赫雪花，你可能会觉得要想象出两个大概可以分别被称为"内部"和"外部"的区域还是挺简单的。但是，一个距离曲线很近的点就比较难以界

---

① 一个科赫雪花是由几条科赫曲线组成的，具体在第 45 章中讨论。

定它是在内还是外了。当你沿着科赫雪花的边界按之字形前进时，你会发现距离曲线很近的点似乎会交替出现在内部和外部。你要如何确定一个靠近曲线的点到底在哪一边？

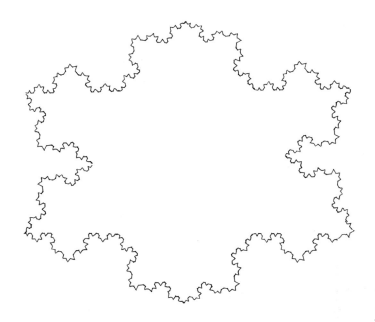

每一天，你都会在数学学习过程和人生道路上做出选择。弗罗斯特在《未选择的路》中表达了对于必须在两条路中二选一的遗憾之情：

> 可惜我不能同时涉足，
> 我在那路口久久伫立，
> 向着一条路极目望去，
> 直到它消失在丛林的深处。[44]

最后，弗罗斯特选了"人迹更稀少"的那条路，那条路"荒草萋萋"，"更为诱人"。也许那条路通往森林的阴暗之处，让他开始怀疑自己到底是在内部还是外部。也许那条路的边界和科赫雪花的无限锯齿边缘同样模糊。如果是这样，而且假设那条路是闭合的话，他至少可以从若尔当曲线定理中获得些许相似的安慰：肯定有内部和外部，也肯定有一条边界。

当我们面对数学或生活上的选择时，不妨考虑选择那条少人问津的道路：追求一些不寻常的兴趣，向沉迷于自己独特专长的人们学习，或者，在你以为自己解完题目很久之后，再回头看一看。有时候，人迹罕至的道路会带来迥异的旅途。

第 30 题

若尔当曲线定理是否可以应用在下图中的曲线上？如果可以，请确定鸭子在曲线内部还是外部。如果不可以，请解释原因。

第 31 章
黄金矩形：放手去调查吧！

人们常说，自然界中到处存在着数学的规律，这句话到底是什么意思？美丽的贝壳是以某种方式利用数学来设计自己的花纹吗？还是说，是数学家把数学结构套在了已经形成的贝壳花纹上？不管真相如何，贝壳不会开口说话。因此，调查的主动权还是落在了数学家手中。"调查"对于数学家来说其实就是"玩"的同义词，只不过看起来更正经。原则上来说，既然是玩，就不应该带有太大的目的性。间接的甚至是草率的做法可能让人得到意想不到的发现。不管你的发现对整个数学界来说是重大突破，还是仅对你个人来说是一个知识上的飞跃，这份发现所带来的喜悦和满足感都一样让人愉快。

比如，你可能打算去调查，或者说，玩一下矩形。调查计划可以提供一个大致方向，但不会施加许多限制。在调查初始，你可能会注意到不同的矩形有着不同的长宽比。为什么要关注长宽比呢？其实没什么特别的理由。换句话说，调查长宽比只是把玩不同矩形的方式之一，而不是真的在找一样具体的东西或概念。因此，你调查了一下各种矩形的长宽比。

10:2　　　5:3　　　6:1　　　7:5　　　$\varphi:1$

在调查过程中，你应该多多考虑不同的例子。在这里，我画了好几种具有不同长和宽的矩形，其中一个被称为黄金矩形。黄金矩形是一个长宽比为黄金比例的矩形，这个比例以 $\varphi:1$ 表示。希腊字母 φ 的发音为"phi"，等于 1.618 033 9...。一般来说，较好的调查方法不仅要考虑许多常规的例子，也要考虑那些特殊或不寻常的情况。

继续"玩"下去的时候，你可能会注意到，每个矩形内部都有一个边长等于矩形短边长度的正方形。比如，上页草图中的矩形里的正方形分别是这样的。

找出每个矩形内的正方形，还能借此突出原矩形内另一个较小的子矩形。在以上的例子中，这些子矩形是这样的。

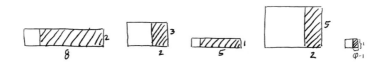

你应该查看一下每个矩形和子矩形的长宽比。

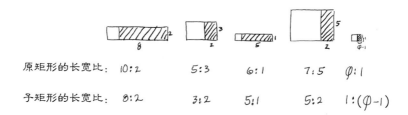

原矩形的长宽比： 10:2   5:3   6:1   7:5 $\varphi:1$

子矩形的长宽比： 8:2   3:2   5:1   5:2 $1:(\varphi-1)$

例如，第一个矩形的长宽比为 10:2，可以用 $\dfrac{10}{2}$ 或 $\dfrac{5}{1}$ 来表示。它的子矩形的长宽比为 8:2，可以用 $\frac{8}{2}$ 或 $\frac{4}{1}$ 来表示。你会注意到，一个 10×2 的矩形和一个 8×2 的矩形的比例是不同的。5×3、6×1 和 7×5 的矩形及其各自的子矩形也是同样的情况。

但是，黄金矩形，也就是那个 $\varphi \times 1$ 的矩形，是不一样的。让我们花点儿时间来看一看黄金矩形和它的子矩形的长宽比。

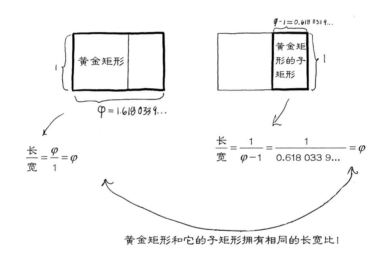

黄金矩形和它的子矩形拥有相同的长宽比！

不像其他矩形，黄金矩形和它的子矩形有着完全一致的长宽比。这说明，黄金矩形的子矩形也是一个黄金矩形。同理，一个黄金矩形的子矩形的子矩形也是一个黄金矩形。我们可以永远这样不停地切割下去！

当你在调查过程中发现如此有趣的事情时，抓住它，别放手。你可以自己画一下黄金矩形，这样，你就能更加了解它的特殊之处。最初开始调查的时候，我们试着找出了矩形里的正方形，因此不如先从画一个正方形开始。

现在，你需要在这个正方形上加上一部分，以此形成黄金矩形。让我们把正方形的底边延长一些，为希望得到的黄金矩形提供一些空间。

但我们不确定这条延长线要画多长

现在，你需要一种方法来确定底边上的一个点，用来标记矩形的末端。失败了几次之后，你决定先找出正方形底边的中点。因为你没有圆规，你只好凑合用一个大头钉、一根牙线和一支铅笔。

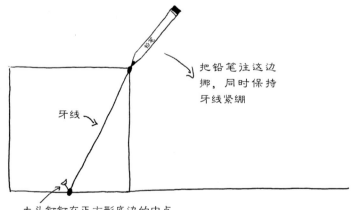

把铅笔往这边挪，同时保持牙线紧绷

牙线

大头钉钉在正方形底边的中点

把大头钉钉在正方形底边的中点，铅笔点在正方形的右上角，之后，你用牙线引导铅笔，画出了一条穿过底线的弧形。

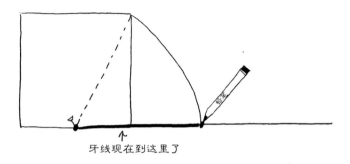

牙线现在到这里了

你可以先标记好弧线和底线的交点，然后擦掉这个点右边的延长线。如果正方形边长为 1，你会发现新底边的长度恰好为 $\varphi = 1.618\ 033\ 9...$（记住，你是在失败了好几次之后才想到这种方式的。有时候就是要碰运气）。现在，你可以画出黄金矩形了。

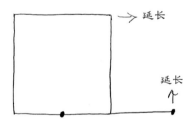

延长

延长

你已经通过一个自创方法画出了黄金矩形。

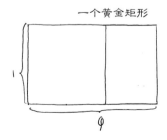

一个黄金矩形

φ

　　如果想继续玩下去，你可以在子矩形、子子矩形上同样练习刚刚得到的这个方法。

　　现在，你在玩，啊不，调查这件事上已经得心应手了。很快，你就有了一个新灵感，把在画矩形的过程中得到的所有相当于四分之一圆的弧都留在纸上。

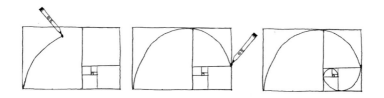

　　你把这些弧首尾相接形成的曲线称为黄金螺旋（你没有意识到，这是它已经被公认的名字；你自己偶然发现了这条螺旋曲线，并鉴于黄金矩形的名字，决定用同样的唯一具有意义的名字为它命名）。思绪从你的脑海里流进了你的笔尖。你想看一下，如果没有黄金矩形的框架，这条曲线看起来又会是什么样子，所以你把矩形的线都擦了。然后，或是为了好玩，或是为了美，或是别的什么原因，你在这条曲线上又添上了一些线条。

　　忽然之间，你回想起六岁那年在海边度过的一天。你穿着圆点泳装，举着正在融化的冰棍，停下来欣赏一枚贝壳。这枚贝壳看起来就像沙滩上其他数千

枚贝壳一样，但只有这枚贝壳吸引了你的注意。你现在明白了，这一切都与数学的研究有关。你感到了一种无言的、安静的喜悦。

第 31 题

黄金三角形是一个腰与底边之比为 $\varphi:1$ 的等腰三角形。黄金三角形的内角分别为 72°、72° 和 36°。

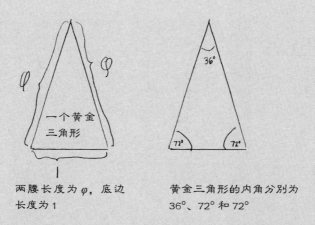

两腰长度为 φ，底边长度为 1

黄金三角形的内角分别为 36°、72° 和 72°

如果画一条线来平分一个 72° 角，你会在原黄金三角形中得到一个更小的黄金三角形。

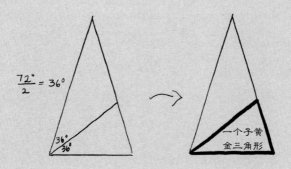

如果平分一个 72° 角，你会得到一个子黄金三角形

调查，或者说，玩一下黄金三角形吧。你能在这个黄金三角形中找到其他更小的黄金三角形吗？你能不能再找到一条黄金螺旋？

第 32 章
调和级数：小步前进也没关系

相传，当阿基米德想到，自己进入浴缸后溢出来的水的体积就等于他身体的体积的时候，他跳出浴缸，大喊了一声"Eureka！"[①]。这一刻对阿基米德来说一定是无限惊喜的。谁不喜欢那个灵感如闪电般袭来的"啊哈！"一刻呢？遗憾的是，生活中不是所有时刻都称得上"Eureka"时刻。尽管如此，不要低估你在前进过程中迈出的每一小步。久而久之，这些很小的步长积累起来，就有可能引向深刻的见解。

不妨思考一下，无限个数之和是如何积累起来的。如果你问"人能不能永生？"，我可能会告诉你，理论上，你可以活过今天，然后加上明天，再加上后天，这样一天一天地永远相加下去。这样，你可以活过 $1+1+1+1+\cdots$ 天，这里的省略号表示永远像这样加 1。请注意，即使在你加了第 100 万个 1，乃至第 10 亿个 1 的时候，这个和也不会停止增长。这个无限个数之和会没有极限地增长下去。

但是，如果在无限个数之和中的每一步，我们只加上 1 的一部分呢？你还能永生吗？思考一下从一整天开始，然后加上二分之一天、四分之一天、八分之一天，等等，像这样永远加下去。也就是说，每段时长都是前一段时长的二分之一。假如以这种方式来表示你可以活着的天数，你可以活多久呢？你可以用下页中的方式来表示求和过程。

[①] 阿基米德和浴缸的故事已在第 9 章中详述。

$$1+\frac{1}{2}+\frac{1}{4}+\frac{1}{8}+\frac{1}{16}+\frac{1}{32}+\cdots$$

在这个和中，你永远不会停止加上大于零的数，但这些大于零的数会随着时间流逝越变越小。然而，你要如何在有无限多项的情况下求出这些数的总和呢？让我们换种方式来思考这个和有多大：考虑下面这个大矩形，它被分成了面积可以代表每项分数的正方形和小矩形。

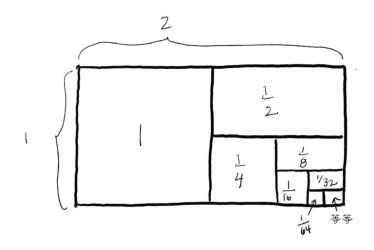

也就是说，这个包含了所有分区的大矩形的面积也等于：

$$1+\frac{1}{2}+\frac{1}{4}+\frac{1}{8}+\frac{1}{16}+\frac{1}{32}+\cdots$$

一个矩形的面积等于长乘以宽，这个计算要比求无限多项的和简单多了。这个大矩形的面积为 $2 \times 1 = 2$。因此：

$$1+\frac{1}{2}+\frac{1}{4}+\frac{1}{8}+\frac{1}{16}+\frac{1}{32}+\cdots = 2$$

虽然你永远不会停止往上加那么一点儿时间，但这个随着时间流逝每项越来越小的无限数列之和，最终只等于 2。如果你知道收益递减的概念，那这对你来说也许并不奇怪。有时，你明明很努力地工作了——就像这里，你一直往上加分数——但最后，你的进度并不大。

当然，你以较慢的速度努力工作，还是有可能得到很大进步的。在下面的例子中，从 1 开始，往上加逐渐增长的正整数的倒数：

$$1+\frac{1}{2}+\frac{1}{3}+\frac{1}{4}+\frac{1}{5}+\cdots$$

这个数列的和十分特殊，它有自己的名字：调和级数。如果调和级数数列的每一项都代表你可以继续活着的天数，那你能不能永生呢？如果每一项代表你在学习中多投入的那一点努力，你学习到的知识是会碰到天花板，还是会没有极限地增长下去？当最初遇到调和级数的时候，很多人猜测，这个数列的和就像之前那个数列的和一样，也会有一个极限。他们怀疑，收益递减在这里也会起到相同的作用。但调和级数的增长是没有极限的。想要证明这一点，观察以下做法：把数列中的几项用括号分为一组，使得其中每一组的和都大于等于 $\frac{1}{2}$。

$$1+\frac{1}{2}+\frac{1}{3}+\frac{1}{4}+\frac{1}{5}+\frac{1}{6}+\frac{1}{7}+\frac{1}{8}+\frac{1}{9}+\cdots$$

$$= 1+\left(\frac{1}{2}\right)+\left(\frac{1}{3}+\frac{1}{4}\right)+\left(\frac{1}{5}+\frac{1}{6}+\frac{1}{7}+\frac{1}{8}\right)+\left(\frac{1}{9}+\cdots\right.$$

1　$\frac{1}{2}$　比 $\frac{1}{2}$ 大，　　比 $\frac{4}{8}=\frac{1}{2}$ 大

　　　　　因为 $\frac{1}{3}+\frac{1}{4}$　　因为

　　　　　　　　　　　　　　　　　$\frac{1}{5}>\frac{1}{8}$，

　　　　　　　　　　　　　　　　　$\frac{1}{6}>\frac{1}{8}$，

　　　　　　　　　　　　　　　　　$\frac{1}{7}>\frac{1}{8}$，

　　　　　　　　　　　　　　　　　　且

　　　　　　　　　　　　　　　　　$\frac{1}{8}=\frac{1}{8}$

必须列出接下来的 16 项，才能得到大于 $\frac{1}{2}$ 的和。你可以做到的！

括号把几项分为一组，每组数的和都大于等于 $\frac{1}{2}$

也就是说，因为 $\left(\dfrac{1}{3}+\dfrac{1}{4}\right)$ 和 $\left(\dfrac{1}{5}+\dfrac{1}{6}+\dfrac{1}{7}+\dfrac{1}{8}\right)$ 都比 $\dfrac{1}{2}$ 大，而且你可以继续用接

下来的数项组成比 $\dfrac{1}{2}$ 大的和，所以式子可以写成：

$$1+\frac{1}{2}+\frac{1}{3}+\frac{1}{4}+\frac{1}{5}+\frac{1}{6}+\frac{1}{7}+\frac{1}{8}+\cdots > 1+\left(\frac{1}{2}\right)+\left(\frac{1}{2}\right)+\left(\frac{1}{2}\right)+\cdots$$

事实上，你可以继续在这个不等式的左边添加和大于 $\dfrac{1}{2}$ 的项，直到永远。

每次添加项时，你都必须搜罗越来越多的项。但因为这个数列有无限多项，所

以总是可以添加新的项。既然 $\dfrac{1}{2}+\dfrac{1}{2}=1$，你现在可以把上面的不等式重写为：

$$1+\frac{1}{2}+\frac{1}{3}+\frac{1}{4}+\frac{1}{5}+\frac{1}{6}+\frac{1}{7}+\frac{1}{8}+\cdots > 1+\left(\frac{1}{2}\right)+\left(\frac{1}{2}\right)+\left(\frac{1}{2}\right)+\left(\frac{1}{2}\right)+\cdots$$

$$右 = 1+\left(\frac{1}{2}+\frac{1}{2}\right)+\left(\frac{1}{2}+\frac{1}{2}\right)+\cdots$$

$$= 1+1+1+\cdots$$

诚然，调和级数向着无限的增长速度很慢，非常慢。在经过前 10^{43} 项之后，和还没达到 100。尽管如此，调和级数的增长是没有极限的。这是数学版的龟兔赛跑。接受小步慢慢前进的方式吧，因为放慢速度、稳扎稳打，经常是在数学学习中取得进步的良方。

第 32 题

下面式子中各数的和是会趋于一个有限的数，还是会无限增长？

$$\frac{1}{2}+\frac{2}{3}+\frac{3}{4}+\frac{4}{5}+\frac{5}{6}+\frac{6}{7}+\cdots$$

第 33 章
拥有正二十面体对称性的噬菌体：高效工作

病毒是一个特别小的实体。按照公认的定义，它甚至没有生命。单个病毒的大小是单个细菌的百分之一，是人体细胞的千分之一。

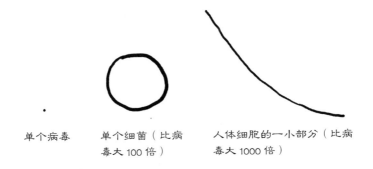

单个病毒　　单个细菌（比病　　　人体细胞的一小部分（比病
　　　　　　毒大 100 倍）　　　　毒大 1000 倍）

病毒个体很小，又没有生命，但它们很善于复制自己。事实上，它们能做的也就是自我复制。病毒不能只靠自己进行复制，它们会寻找并感染宿主，利用宿主来完成自我复制。既然病毒的体积那么小，那它们如何才能有效地编码指令，组装并储存其遗传物质的蛋白质外壳呢？换句话说，病毒是如何利用尽可能少的蛋白质，来容纳它的遗传物质的呢？

想知道病毒那简短的遗传密码如何制造出一个可以达到复制目的的蛋白质外壳，了解病毒体的几何形状是关键。例如，一个噬菌体（一种特殊的专门感染细菌的病毒）会把它的遗传物质存储在正二十面体的"头"里。

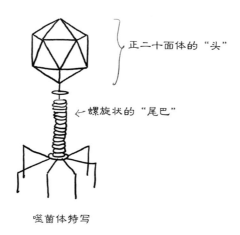

噬菌体特写

正二十面体是一个由 20 个相同三角形组成的三维形状。如果你以前从没见过或审视过一个真实的正二十面体，那我建议你现在自己做一个。请先用一张纸描出下面的模板①。（不用把里面的编号也描出来，那只是为了制作方便而提供的标记。）然后根据以下指令进行制作。

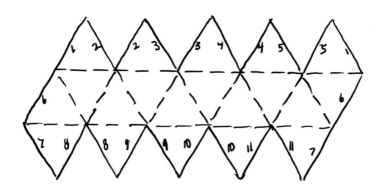

首先沿着模板外缘剪下来。接下来，沿着虚线留下折痕。然后，把带有相

---

① 或者你可以在互联网上搜索一下正二十面体模板，然后把它打印出来。

同编号的边对齐粘好。最后，你就得到了一个看起来像下图这样的三维正二十面体。

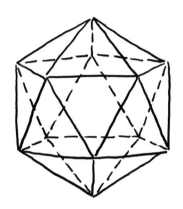

当你把正二十面体拿在手中时，请注意，它不仅是一个漂亮的几何体，它还拥有数量惊人的旋转对称性，包括五重旋转对称性、三重旋转对称性和二重旋转对称性。在这里，我先把这些对称性画出来，随后再对它们进行解释。

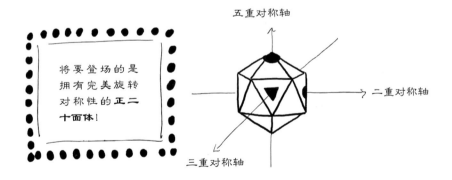

一个小小的病毒可以依靠极少的遗传物质来提供组装蛋白质外壳的指令，而它能做到这一点的关键原因就在于正二十面体的对称性。也就是说，这些对称性（下文将详细介绍）能让一个体积极小的病毒只需承载很少的遗传物质。

五重旋转对称性最好通过正二十面体的鸟瞰图来观察。

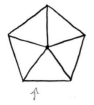

五重旋转对称性：

·在这张草图中，对称轴从中心点由纸内向纸外延伸

·正二十面体绕对称轴旋转72°后，完美与自身重叠

·以72°旋转5次后，正二十面体回到了旋转前的起点

正二十面体的鸟瞰图

之前所画的正二十面体为观察三重旋转对称性提供了好角度。

三重旋转对称性：

·在这张草图中，对称轴从图中的点由纸内向纸外延伸

·正二十面体绕对称轴旋转120°后，完美与自身重叠

·以120°旋转3次后，正二十面体回到了旋转前的起点

正二十面体的侧视图为观察二重旋转对称性提供了好角度。

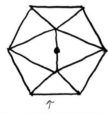

二重旋转对称性：

·在这张草图中，对称轴从图中的点由纸内向纸外延伸

·正二十面体绕对称轴旋转180°后，完美与自身重叠

·以180°旋转2次后，正二十面体回到了旋转前的起点

正二十面体的侧视图

正二十面体的五重、三重和二重旋转对称性有利于复制过程的进行。首先，噬菌体的遗传物质被复制来制造蛋白质外壳。其中一个单元可能位于正二十面体"头部"上的一个三角形面的一角。利用正二十面体的对称性，这个单元可以被复制到每个三角形面上的每个角。例如，利用五重对称性，可以像下页图这样很快地复制出4份。

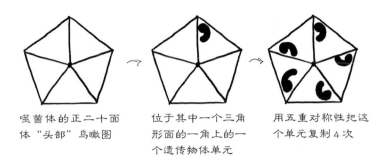

噬菌体的正二十面体"头部"鸟瞰图

位于其中一个三角形面的一角上的一个遗传物体单元

用五重对称性把这个单元复制 4 次

在五重对称性之上，二重和三重对称性可以把原有的单元继续复制。下图是复制前后的对比。

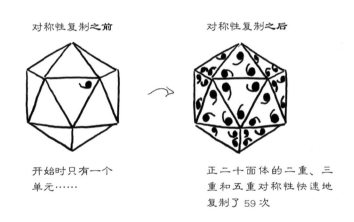

对称性复制之前

对称性复制之后

开始时只有一个单元……

正二十面体的二重、三重和五重对称性快速地复制了 59 次

载有噬菌体遗传物质的蛋白质外壳就是由重复的亚单元按照正二十面体对称性组装而成的。在这个例子中，宿主不是从头开始制造 59 个新单元，而是将噬菌体的原始单元复制了 59 次。总之，重复的单元减少了描述噬菌体所需的遗传信息量。

噬菌体利用正二十面体对称性的方式，给我们上了重要的一课——我们应该避免不必要的重复性劳动。如果你确定了一种能加速进步的工作习惯，那么就把这种方式融入自己的生活中去。如果"做"比"看"能让你更快地学习，那就养成定期"做"的习惯。每当你发现一种可以节省时间和精力的做法时，就复制它，保持下去。

第33题

正二十面体是五种三维柏拉图立体之一。一个柏拉图立体是一个凸正多面体，也就是一个满足以下条件的三维立体形状。

- 所有面都是全等的多边形（必须是二维平面上的拥有至少三条边的闭合图形，如三角形、矩形、五边形、六边形等）。
- 所有棱都等长。
- 所有顶角都相等。

完整的柏拉图立体集合如下：正四面体、立方体、正八面体、正十二面体和正二十面体[①]。

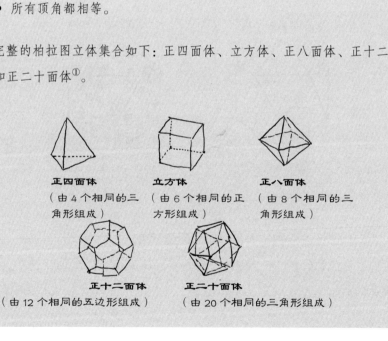

正四面体
（由4个相同的三角形组成）

立方体
（由6个相同的正方形组成）

正八面体
（由8个相同的三角形组成）

正十二面体
（由12个相同的五边形组成）

正二十面体
（由20个相同的三角形组成）

---

① 彼得·韦瑟罗尔专门写了一首朗朗上口的歌曲《柏拉图立体》（*Platonic Solids*）。这首歌开头如下："很久很久以前，有一个著名的家伙，以自己的名字'柏拉图'命名了五种立体。正四面体、立方体，还有正八面体。正十二面体和正二十面体。"你可以找来听几遍，看你能不能在听过这首歌之后把它从自己的脑海里迅速抹掉。

没有任何其他三维立体形状能满足以上条件。每个柏拉图立体都有自己的"对偶"。想找到一个柏拉图立体的对偶，就要在立体的每个面的中心放置一个点，再用线把这些点连起来。这样得到的形状就是给定的柏拉图立体的对偶多面体。例如，正四面体的对偶是另一个正四面体。

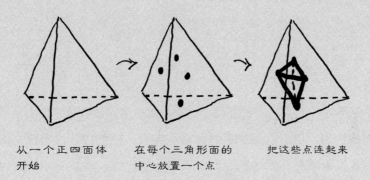

从一个正四面体　　　　在每个三角形面的　　　把这些点连起来
开始　　　　　　　　　中心放置一个点

因此，正四面体与其自身对偶。立方体的对偶是什么样的？想解答这个问题，使用一个真实的立方体可能比在纸上画蓝图更清楚。另一个方法是，你可以观察一个矩形的房间：在房间的每面墙、地板和天花板的中心各放置一个点，然后试着用线把这些点连起来。

第34章
编码理论：寻找平衡

　　假如你是一名特工，正在追踪一伙涉嫌盗窃多颗世界著名宝石的国际珠宝大盗。根据传闻，他们假扮成面包师偷取宝石，把赃物放进面包，然后运出国门。为了探查情报，你卧底在一家面包店里工作，参加当地面包师协会的会议，熟悉送货司机，观察前来购买羊角面包和其他烘焙食品的当地人。为了确保你的身份不受人怀疑，你没办法与特工总部建立联系。但是，总部每天会给你发送一条电子信息。当确定周围没人的时候，你用指纹在面包店收银机上的指纹扫描器上扫一下，这条信息就会短暂地在收银机的屏幕上显现几秒。在绝大多数情况下，这条信息都显示"没有消息，请继续"。有一天，当你揉着面准备做意大利夏巴塔面包的时候，你用沾满面粉的手指扫过收银机的指纹扫描器。一条信息在屏幕上出现了几秒，随即消失："现在就离开。在 CHIXZ 的大使馆会合。"（LEAVE NOW. MEET AT YOUR EMBASSY IN CHIXZ.）

　　你一定身处危险之中了，但 CHIXZ 是哪里？你的大脑意识到，这个"词"并不是一个真正的词。根据上下文判断，你猜它一定是一个国家。但这是哪个国家？你苦思冥想，试图纠正这个"错误"。结尾的"XZ"看起来有些怪怪的。有没有一个国家的英文是 5 个字母，且以"Chi"开头？很快，你猜这个单词是"China"（中国）。你取出藏在步入式冰箱最里面的一桶黄油里的应急现金和护照。你抹了抹眼泪。你很喜欢这家面包店，所以不舍得离开，但也许你在北京可以再找一家。突然，你意识到自己没有时间去感伤，同时想到这个单词也可能是"Chile"（智利）。到底该去哪儿呢？要是有什么办法能保证纠正这个错误就好了……

这个故事抓住了编码理论的基本特征。编码理论是一个数学分支，它关注的是如何通过空气、水、电话线和光缆等渠道尽可能准确、有效地传输信息。频道上的静电等"噪声"在传输过程中往往会破坏信息。一种好编码[①]不仅要能发现错误，还要能纠正错误。比如，在上述故事里，你准确地发现了第四个和第五个字母在传输过程中被破坏了。为了提高正确解码的可能性，总部可以使用"重复编码"的方法，也就是说，他们可以把消息中的每个字母重复三次，最后消息可能被编码为：

LLLEEEAAAVVVEEE　NNNOOOWWW. MMMEEEEEETTT　AAATTT YYYOOOUUURRR　EEEMMMBBBAAASSSSSSYYY IIINNN CCCHHHI IILLLEEE.

频道上的噪声可能破坏了其中一些字母。在这种情况下，你收到的消息可能是这样的：

LLLEEEAAAVVVEEE　NNNOOOWWW. MMMEEEEEETTT　AAATTT YYYOOOUUURRR　EEEMMMBBBAAASSSSSSYYY IIINNN CCCHHHII ILXLZEE.

然后，你可以用"大数判决译码"的方法读取，即在解码时，在每组三个字母的信息中，读取其中出现频率最高的字母或数字。你可以正确猜到，消息中最后两个字母应该是"L"和"E"，从而得知你要去的地方是智利的圣地亚

---

① 请注意，编码理论中的编码并不一定是密码。密码是另一个数学分支——密码学的主题。

哥，而并非中国的北京。

当然，把字母重复更多次，比如 30、300 甚至 3000 次，能增加正确解码的可能性。但是，增加编码的长度会增加编码的传输时间。出于这个原因，重复编码并不是最佳的编码方式，因为它的纠错能力虽然强，却是以缓慢的传输速度为代价的。

那么问题就来了：是否有望在传输的重复性和解码的准确性之间找到恰到好处的平衡点？数学家克劳德·香农在 1948 年发表了一篇名为《通信的数学理论》的论文，证明了这个"最佳"编码是存在的。一个最佳编码能提供发送者所希望达到的任何准确度（近乎完美的准确度），并以发送者所希望达到的极接近频道容量的速度来传输①。虽然香农证明了最佳编码一定是存在的，但他没有提供找到最佳编码的方法。自从香农发表了这篇开创性论文以来，找寻这个恰到好处的平衡点就成了编码理论家的工作。

你在生活中也可能会被一些意义不明的信息所迷惑。应该去智利还是中国？稳中求胜还是放手一搏？在这种情况下，请相信自己可以找到那个恰到好处的平衡点，继续前进。当然，就像寻找最佳编码一样，没人能告诉你应该如何找到平衡点，也没人比你更适合来为你的人生做出决定。

第 34 题

国际标准书号（ISBN）是一个长度为 13 位的编码，每本书都拥有属于自己的唯一的国际标准书号。这个编码从左至右分为五个部分[45]，由连字符隔开。

---

① 这里的所谓"近乎完美"和"极接近"在数学里是已被明确定义的概念。如果你曾学习过微积分或是实分析，你可能记得很多证明都从"让 $\varepsilon > 0$"开始，这里的 ε 是希腊字母"epsilon"。ε 是代表一个极小正数的标准变量，可以根据需求无限接近于零。当一个编码理论家声称他们可以达到近乎完美的准确度时，其意思是他们可以达到与完美准确度相差 ε 的距离。

- 前缀号：前三位为 978。
- 国家或地区代码：两位数字，代表出版社所在国家或地区。
- 出版社代码：四位数字，代表出版商。
- 出版物代码：三位数字，代表书的名称及版本。
- 校验码：最后一位数字，根据前缀号、国家或地区代码、出版社代码和出版物代码的数字计算得出。

想计算一本书的校验码，只需简单地把 ISBN 的前 12 位数字轮流乘以 1 和 3。也就是说，假设一本书的前缀号为 $x_1x_2x_3$，国家或地区代码为 x_4x_5，出版社代码为 $x_6x_7x_8x_9$，出版物代码为 $x_{10}x_{11}x_{12}$，首先把这些变量插入下面的公式中进行计算：

$$x_1 + 3x_2 + x_3 + 3x_4 + x_5 + 3x_6 + x_7 + 3x_8 + x_9 + 3x_{10} + x_{11} + 3x_{12}$$

接下来，把你的答案除以 10，得到一个整数商和余数。最后，用 10 减去余数。如果最后得到的数比 10 小，那这个数就是最后的校验码。如果最后得到的数为 10，那最后的校验码为 0。

例如，本书英文版的 ISBN 为 978-01-9884-359-7。最后一位 7 为校验码。为了验证这个校验码是否正确，首先计算：

$$9 + 3 \times 7 + 8 + 3 \times 0 + 1 + 3 \times 9 + 8 + 3 \times 8 + 4 + 3 \times 3 + 5 + 3 \times 9$$
$$= 9 + 21 + 8 + 0 + 1 + 27 + 8 + 24 + 4 + 9 + 5 + 27$$
$$= 143$$

计算 143 除以 10，把结果表示为一个整数商和余数：

$$\frac{143}{10} = 14 \cdots\cdots 3$$

再用 10 减去余数：

$$10 - 3 = 7$$

最后的结果 7 就是校验码。

思考如下问题。

a. 假设一位读者想购买这本书，但错误地把 ISBN 第 5 位的 1 写成了 2，且把第 11 位的 5 写成了 6。也就是说，读者把这本书的 ISBN 978-01-9884-359-7 写成了 978-02-9884-369-7。这位读者在到达书店买书前都没有意识到自己的错误。书店能不能发现错误呢？如果能，要如何发现？如果不能，为什么不能？

b. 假设另一位读者也想购买这本书，但写下 ISBN 的时候犯了不同的错误。这一次，这位读者把第 5 位的 1 写成了 0，把第 11 位的 5 写成了 6。也就是说，这位读者把这本书的 ISBN 978-01-9884-359-7 写成了 978-00-9884-369-7。这位读者在到达书店买书前也没有意识到自己的错误。书店这一次能不能发现错误？如果能，那要如何发现？如果不能，为什么不能？

c. ISBN 是不是一个能发现自身错误的编码？如果是，它能不能发现所有错误？如果不能，为什么不能？

d. ISBN 是不是一个能纠正自身错误的编码？

第 35 章
无字的证明：那就……画个图

文字是美好的，除非它把问题复杂化了。有时候，一张图能比一堆文字更清楚地表达出一个问题的实质。比如，思考以下这个问题："前 100 个正整数之和是多少？即 $1+2+3+\cdots+98+99+100=?$" 当卡尔·弗里德里希·高斯[1]还在上小学时，他的老师向学生们提出了这个问题。老师本希望这道题能让学生们忙活上一阵子。大多数学生使用的是一种耗时的方法——一项一项加起来，但高斯快速地画了几张草图。几分钟之后，他就得到了正确的答案：5050。

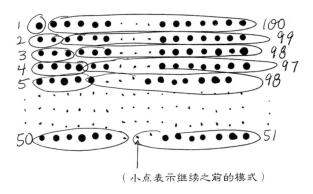

$$\Rightarrow 1+2+3+\cdots+98+99+100=50\times101=5050$$

如果直接逐项加起来，高斯不可能在这么短的时间内就得到正确答案。他独辟蹊径，将数列前端的数和后端的数结成一对，并意识到，这样会得到 50 对数，且每对数的和都是 101。下面的草图清楚地表达了这一方法。

50×101 比 $1+2+3+\cdots+98+99+100$ 算起来要快得多，高斯在几分钟内就解决了问题。

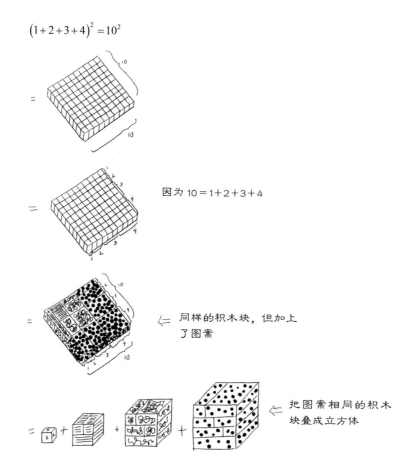

$$(1+2+3+4)^2 = 10^2$$

因为 $10 = 1+2+3+4$

同样的积木块，但加上了图案

把图案相同的积木块叠成立方体

画草图可以启发你的思考。假设你需要证明 $(1+2+3+4)^2 = 1^3+2^3+3^3+4^3$。你能在少用或完全不用文字的情况下画图证明吗？唤醒你玩积木的经验吧！想象一下，你正在一边玩积木，一边默默观察。先排列一下积木块，表示出 $(1+2+3+4)^2$，也就是 10^2。如果你愿意画图的话，就不需要用到真实的积木块了。然后，试试在不添加也不减少积木块的情况下，把积木块重新排列，让它们直观地表达出 $1^3+2^3+3^3+4^3$。

不要忘记，你的大脑有能力以不用计算的方式思考。画图有时候能激发你的大脑产生有意义的思路。

第 35 题

前 13 298 个正整数之和是多少？

$$1+2+3+\cdots+13\ 296+13\ 297+13\ 298=?$$

附加题：尝试概括高斯计算前 n 个正整数之和的方法，其中 n 为任意正整数。

第 36 章
模糊逻辑：容纳细微差别

这个人很年轻。

这辆车很快。

我的苹果是红的。

你的树很高。

温度计显示今天很热。

在传统逻辑中，以上陈述可被断定为"绝对正确"或"绝对错误"的。在每种情况下，都有一个明确的界限来判定给定的人、车、苹果、树或天气是否分别属于"年轻人""快车""红苹果""高树"或"炎热天气"的集合。例如，如果"年轻人"集合的成员资格仅限于 20 岁及以下的人，那么我们可以给下列陈述分配真值。

一岁的人是年轻人。真。

19 岁的人是年轻人。真。

21 岁的人是年轻人。假。

90 岁的人是年轻人。假。

这个给陈述分配真值的系统逻辑确实是自洽的，但它不总能描述人类的亲身经历。在真实世界里，年龄是相对的：一个 19 岁的人在一个退休老人眼里确实 "年轻"，对于刚入读大学的学生来说却不能算 "年轻"。对速度的解释根据背景会有所不同：在有小孩玩耍的住宅区，每小时 39 英里的汽车行驶速度可以算 "快"，但对于高速公路上一般每小时 65 英里的车速来说就不算 "快" 了。苹果也有不同程度的红：麦肯苹果有着粉红色调，蛇果则呈深酒红色。温度计记录的温度包含了小数点后的数值。细微差别是存在的。

　　模糊逻辑是一种多值的逻辑系统，它能容纳一系列 "绝对的" 和 "部分的" 真值。拿一杯咖啡 [①] 举例。你完全不必把超过 100 华氏度（38 摄氏度）的咖啡称为 "热" 咖啡，而可以用 3 个或更多的模糊集来描述咖啡的温热程度。举个随便些的例子吧，以下是 5 个有序的类别，其值在 0 和 1 之间：冷咖啡（40 华氏度及以下，即约 4 摄氏度及以下）值为 0、凉咖啡（41~59 华氏度，即 5~15 摄氏度）值为 0.25、室温咖啡（60~99 华氏度，即约 16~37 摄氏度）值为 0.5、温热咖啡（100~199 华氏度，即约 38~93 摄氏度）值为 0.75、热咖啡（200 华氏度及以上，即约 93 摄氏度及以上）值为 1。

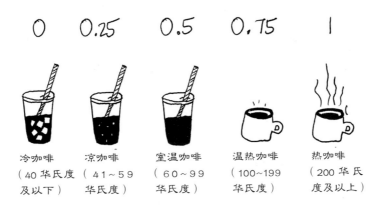

| 0 | 0.25 | 0.5 | 0.75 | 1 |

冷咖啡
（40 华氏度
及以下）　凉咖啡
（41~59
华氏度）　室温咖啡
（60~99
华氏度）　温热咖啡
（100~199
华氏度）　热咖啡
（200 华氏
度及以上）

　　或者，你可以用 0 和 1 之间的无限连续统来描述这个场景，把 0 设为冰箱温度（40 华氏度，即 4 摄氏度），把 1 设为沸腾咖啡的温度（212 华氏度，即

①　数学家们常开玩笑说，数学家是一个把咖啡转化成定理的机器。

100 摄氏度），然后在 0 和 1 之间的范围内描述连续统上的各种温度状态。在 0 到 1 的范围内用无穷多的类别描述温度，提供了比之前 5 个类别更多的细微差别。

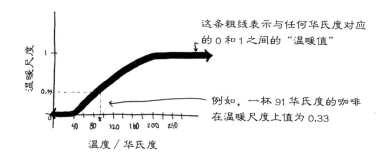

计算机常用二进制数值 0 和 1 来进行编程。例如，在自动驾驶电动列车使用的自动刹车系统中，"刹车"或"不刹车"取决于列车离前方列车"太近"或"不太近"的定义。20 世纪 60 年代，美国加利福尼亚大学伯克利分校的卢特菲·扎德建立了模糊逻辑。在这之前，许多电子系统都采用传统逻辑编程，而在这样的系统里，当列车"不太近"的时候，刹车处于"非启动"状态；然后，列车一旦"太近"，刹车就会以最大压力"启动"。假设"太近"和"不太近"的分界线是 12 英尺。下图表示"启动"与"未启动"刹车之间的突然变化，横轴表示与前方列车的距离，纵轴表示刹车压力。

在横轴的 12.01 英尺处，对应的纵坐标为 0，表示此时刹车仍未启动。片刻

后，在横轴上的 11.99 英尺处，对应的纵坐标为 1，表示此时刹车以最大压力启动了。在片刻间让刹车系统全压启动，无论是对刹车系统本身，还是对车上的乘客来说，都太粗暴了。模糊逻辑具有近似人类对细微差别的理解力，并将之引入计算机程序。模糊逻辑在这里提供了另一种选择。

你可以利用以下模糊集合和模糊规则，对列车自动刹车系统的设计进行模糊化。

模糊集合（表示与前方列车的接近程度）	模糊规则（关于刹车系统使用多少压力）
大于 60 英尺	0（无刹车压力）
50 ~ 59.99 英尺	0.2 刹车压力
40 ~ 49.99 英尺	0.4 刹车压力
30 ~ 39.99 英尺	0.6 刹车压力
20 ~ 29.99 英尺	0.8 刹车压力
10 ~ 19.99 英尺	1（最大刹车压力）

如何确定模糊集合和模糊规则有着非常大的选择空间。也就是说，另一个人可能会选择不同的集合和规则。如上表所述，你的图看起来是下面这样的。

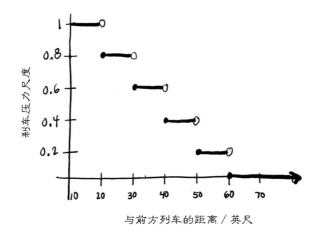

与前方列车的距离／英尺

或者，你可以用一个连续函数① 来模糊化设计，它可以提供更平滑的模糊规则。

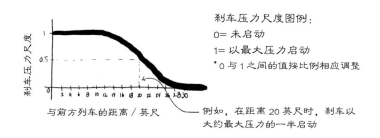

模糊规则的设计是为了能根据列车接近程度的信息来对刹车的应用做出适当的决定。

模糊逻辑提供了一种将不精确的特质转化为 0 与 1 之间的数值的方法。如果这样做，也许你就能用一套更为智能的指令对计算机进行编程，模拟人类的思维和决策。模糊逻辑不只被应用在电动列车上面。许多家用电器也使用了模糊逻辑，包括洗衣机、电子相机和电饭煲。面部识别软件、无人机和医疗器械也都使用了模糊逻辑。

但模糊逻辑的应用远不止于技术。在数学学习和生活中，你也可能会遇到不确定的情况——绝对的"是"或绝对的"否"可能都不是最佳答案。与其觉得自己的选择有限，不如考虑让细微差别进入你的生活。找出模糊集合，制定模糊规则，"模棱两可"也许就是"恰到好处"。

第 36 题

假设你想设计一台智能洗衣机，不用人为设定洗衣服的时长，洗衣机自动就能把衣服洗到干净为止。你会如何使用模糊逻辑来达到目的？

---

① 一个"连续"函数是数学中一个定义明确的概念。不过就本次讨论而言，把一个连续函数看成一个铅笔不离开纸面就能画出来的图，就够了。

第 37 章

布劳威尔不动点定理：当问题有答案时，要心存感激

许多地图上都会标注着"您在这里"，以便在公园、城市或医院里为大家引导方向。只要我在一个陌生的地方看到这句"您在这里"，我就放心了。山峰也许巍峨，但我知道我现在的坐标。一座陌生的城市可能人潮涌动，但我知道我正站在何处。一家医院里警报系统和寻呼系统声声作响，但我已经走在了去往目的地的路上。当世界或数学在你身边制造了一个个旋涡时，就让布劳威尔和他的不动点定理为你送来片刻的平静吧。

布劳威尔不动点定理认为，如果你在某个地方且手里拿着该地的地图，那么地图上至少有一个点恰好位于当前位置的正上方。这个定理总是适用的：无论地图与地面平行还是垂直，或者地图反面朝上，转了个方向，换了个角度，被折小了，被扯大了，甚至被揉成了一团……只要地图仍在它所代表的区域内，这条定理就适用。例如，我在美国新罕布什尔州居住，当我身处新罕布什尔州，而且手里拿着一张新罕布什尔州的地图时，地图上总有一个点在无声地呐喊："您在这里！"

布劳威尔不动点定理在你搅动咖啡时也适用。假设你可以观察到咖啡杯里每个分子的位置，你开始搅动咖啡，然后停下来，让它慢慢恢复平静；之后，

这个杯子里至少有一个分子[1]，其位置与它在咖啡被搅动前所处的位置重合。也就是说，你不可能完全搅乱你的咖啡。此外，如果你把那个分子推出它原来的位置，那么另一个分子就会回到它原来的位置。无论你搅动多久，总有至少一个分子会回到它的起始位置。

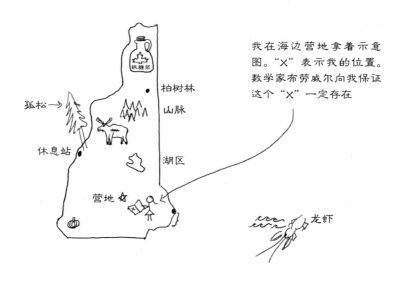

我在海边营地拿着示意图。"X"表示我的位置。数学家布劳威尔向我保证这个"X"一定存在

不动点是一个在变化发生后其位置仍旧不变的点。这个变化可以是将一个地理区域的道路和自然特征还原到地图上的过程，也可以是孩子转动手中风车的简单过程。如果你从起始位置开始转动风车，然后让风车慢慢停下来，那么除了中间的那个固定点，风车上的所有点可能都变换了位置。虽然风车上的不动点非常容易找到，但不动点本身不一定是显而易见的。

比如说，假设你把奶奶亲手缝制的被子整齐地铺在了床上。之后，你发现当你不在的时候，一个孩子或一只宠物曾在床上蹦来跳去，把被子弄成了皱巴巴的一团。不过，我在这里要为"肇事者"说句话，你的被子上至少有一个地方位于你当天早上离开时的位置的正上方。

---

[1] 理论上来说，分子是有体积的，但布劳威尔不动点定理中的点没有体积。因此，更准确地来说，咖啡的分子回到了它原来的位置，但其中容许有很小的误差。

之前：拼布棉被很平整　　　　　之后：拼布棉被被变成了杂乱的一团

若想确认布劳威尔不动点定理在某种情境下是否适用，你需要找到三个条件。第一，发生变化的物体或空间占用的必须是有限空间，且这个空间存在边界。所以，你可以转变新罕布什尔州、一杯咖啡、一个风车或一条棉被，但不能转变无限的、没有边界的空间。第二，你转变的区域或空间中不能有空洞。比如，你可以转变一个飞盘，但不能转变一个中间有洞的盘子。再举个例子，假如 A 城成功脱离了原所在州，搬去了邻州，那你就不能保证，站在原州地界内时，地图上一定有一个"您在这里"的点了。第三，这个转变必须以连续的方式移动所有的点。在这里，"连续"一词表示转变可以是拉伸、缩小或扭拧地图，但不能把地图上的一块剪出来贴到别处。大致来说，地图上在转变前紧挨着的点在转变后应该仍然紧紧挨在一起。

以连续的方式转变物体或没有空洞的空间，是拥有不动点的条件，这些条

件非常重要。如果这些条件中哪怕一条没有被满足，那么每个点都有可能移动
到新的位置，因此就有可能完全没有不动点。比如说，如果你要把一种在所有
方向都无限延伸的壁纸图案往右移 1 英寸，那这种转变就不会留下不动点。

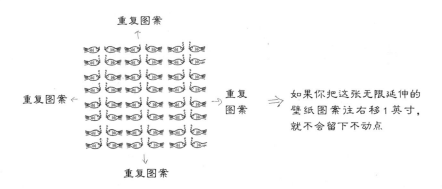

同样，如果你要把一个圆环旋转 90°，也不会留下不动点。（如果不是圆
环，而是一张圆盘，也就是如果中间没有空洞的话，那么在这种情况下，不动
点就是圆盘的中心。）

最后再举个例子，如果你将一张国际象棋棋盘的左侧 7 列往右移，然后
把最右一列剪下来贴到最左边，这样的转变是不连续的，因此也不会留下不
动点。

布劳威尔不动点定理在工程、医学、经济学等领域都有着广泛应用。比如，
经济学家约翰·冯·诺伊曼在 1937 年用这一定理得出了"总有一组价格对应着
所有商品的供给等于需求"的结论[46]。这些价格就是数学转变中的不动点。然

而，该定理虽然能保证在满足条件的情况下一定存在不动点，但它没有提供找到不动点的方法。

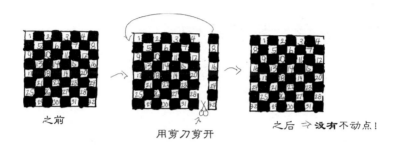

你在生活中可能需要处理一些棘手的问题。如果你意识到问题的答案是一定存在的，即使你仍要在寻找答案的路上继续挣扎，也能因为知道路终有尽头而感到庆幸。没有人想耗费时间去寻找一个并不存在的答案。确信心血不会白费，这可以让人更安心。

第 37 题

就像你用勺子搅动咖啡一样，鱼在游泳时也会"搅动"它们所在的海洋。布劳威尔不动点定理在鱼"搅动"海洋的情境下也适用吗？换句话说，如果你能观察到海洋里每个分子的位置，然后允许鱼通过游泳的方式来"搅动"，你能不能保证，海洋中至少有一个水分子的位置在搅动后仍然保持不变？如果能，请解释一下为什么这个情境满足了布劳威尔不动点定理的适用条件。如果不能，请解释一下为什么条件没有被满足。

第 38 章

贝叶斯统计学：更新认知

　　猜一猜一个你从未见过的人的身高。你可能会预测，这个人的身高是某地区的平均身高（如 1.69 米），因为该地区大多数人的身高应该就在平均身高左右。但是，你后来发现这个人是男人。因此，你把预测改为当地男人的平均身高，即 1.75 米。再后来，你听说这个陌生男人在一家服装店买了一件超大号的衣服，你可能会再次将预测更新至 1.82 米以上。在贝叶斯统计学中，你可以从一个基于数据的预测开始，每当收到新信息时，就根据该信息更新预测。

　　当人们试图了解医学统计的意义时，贝叶斯方法就变得特别有用。比如，一位没有家族病史的女性在某一年检查出乳腺癌的概率小于百分之一。但是，这位假想女性每年都接受一次乳房 X 光造影检查。美国癌症协会报道称，乳房 X 光造影检查在检测乳腺癌时有效率为 80%[①][47]。另外，在实际没有得癌症的情况下，大约有 10%[②] 的概率被检测出阳性 [48]。你可以把这些数据放到一个表格里。

---

① 这里"在检测乳腺癌时有效率为 80%"是指：在 100 名乳腺癌患者中，乳房 X 光造影检查可以检测出其中的 80 名患者得了乳腺癌，而检测不出剩下的 20 名。也就是说，20% 的患者得到了假阴性的结果——检测结果为未得癌症，但她们实际是癌症患者。

② 根据《英国放射学杂志》[48] 的说法，实际概率为 10.2% 到 14.4% 不等。为了简化计算，这里用了 10% 作为假阳性的概率 [49]。

	患乳腺癌的女性 （占女性总人口 1%）	未患乳腺癌的女性 （占女性总人口 99%）
乳房 X 光造影检查结果阳性	80%	10%
乳房 X 光造影检查结果阴性	20%	90%

如果这位女性最后得到的结果为阳性 ①，她可能会觉得自己有大概率得了乳腺癌。但这个检测结果真的准确吗？请注意风险水平和疾病状态之间的重要区别。疾病状态只有两种：要么有癌症，要么没有。而风险水平则在 0% 和 100% 之间，我们可以取这个范围内的任何值。另外，风险水平也可以基于新信息得到更改。在接受乳房 X 光造影检查之前，由于这位女性没有家族病史，因此判断她得乳腺癌的风险水平非常低。但是，现在她得到了新的令人担忧的信息：她的乳腺癌测试结果为阳性。如果基于乳腺癌测试结果，她的风险水平不再是 1% 了，那么她现在的风险水平是多少？ 100%？ 90%？ 80%？ 20%？ 10%？ 或是完全不同的百分比？

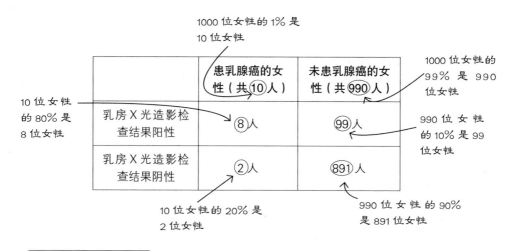

---

① 乳房 X 光造影检查的结果以 BI-RADS（乳腺影像报告和数据系统）的分级表示，范围为从 0 到 6，并不是只有阴性和阳性两种结果。但是，根据美国癌症协会的说法，0 或 1 代表阴性，2 至 6 则代表阳性。

百分比是个抽象概念，你不妨用一个具体的女性人数代入思考一下。比如，在 1000 位女性中，这些数字可能是这样的。

整理后的表格如下。

	患乳腺癌的女性 （共 10 人）	未患乳腺癌的女性 （共 990 人）
乳房 X 光造影检查结果阳性	8 人	99 人
乳房 X 光造影检查结果阴性	2 人	891 人

你并不知道刚才那位女性的疾病状态，但你知道，她一定在标为乳房 X 光造影检查结果阳性的那一行里。这一行包含了 8 位真正得了乳腺癌的女性和 99 位没有得乳腺癌（尽管检查结果为阳性）的女性。现在根据我们得到的新信息，让我们来更新一下她的风险水平。换句话说，我们要回答的问题是：在检查结果为阳性的所有女性中，有多少位真的得了乳腺癌？你可以用这两个数字相除得到答案：真正得了乳腺癌且检查结果为阳性的人数在分数线上面，所有检查结果为阳性的人数在分数线下面。

$$\frac{\text{得了乳腺癌且检查结果为阳性的人数}}{\text{所有检查结果为阳性的人数}} = \frac{8}{8+99} = \frac{8}{107} \approx 0.075 = 7.5\%$$

得了乳腺癌且检查结果为阳性的人数 　　 未得乳腺癌但检查结果为阳性的人数

这位女性在接受乳房 X 光造影检查之前，已知自己得乳腺癌的概率小于 1%。在得到阳性结果之后，她现在有 7.5% 的概率得了乳腺癌。尽管阳性的检查结果提高了她得癌症的可能性，但整体来说风险仍然较低。

在生活中，你经常要面对不确定性。未知的事情可能是"我遇到的下一个人会有多高"这样的小事，也可能是"我有没有身患绝症"这样的大事。无论如何，考虑一下采用贝叶斯方法：从一个基于数据的预测开始，每当获得新信息时，更新你的预测。

第 38 题

许多男性接受血液检查，以确定前列腺特异性抗原（PSA）是否升高，这可能表明他们患有前列腺癌。假设 3% 的男性会死于前列腺癌[①]，且 PSA 血液检查检测前列腺癌时有效性为 80%。另外，假设在 75% 的情况下，PSA 检测结果升高表示一个男人确实得了癌症，但对生命没有威胁。如果一个男人接受了血液检查，并被告知 PSA 水平升高了，那么他患有危及生命的前列腺癌的概率是多少？

---

① 较高比例的男性接受了前列腺癌的治疗，但很多患者没有症状，并死于其他原因。

第 39 章

虚数也存在：保持开放的心态

古罗马和古埃及的数学家们拒绝承认零的存在。古希腊人不喜欢负数。毕达哥拉斯学派的学者们认为每个数都可以被写成分数的形式——传说，当希伯斯提出 2 的平方根可能不是分数（他没错）时，毕达哥拉斯学派的人甚至把他从船上扔进了海里。如果亚历山大港的赫伦需要解答[①] $x^2 = -1$ 这样的方程，他无法想象一个数和自身相乘可以得到一个负数。如果当时他把目光投向实数轴以外的地方，他也许就能发现解决办法了。

16 世纪，意大利数学家拉斐尔·邦贝利思考了 $x^2 = -1$ 这样的方程有解的可能性。后来到了 17 世纪，勒内·笛卡儿定义了一个新数——i，其性质就是 $i^2 = -1$。他选择了 imaginary（想象的）一词的首字母 i——这个选择出卖了他：笛卡儿对这个概念并不适应[②]。i 这个数是方程 $x^2 = -1$ 的一个解。此外，你还可以考虑 i 的倍数，比如 2i、100i，甚至 0i、$\frac{1}{2}$i、-1i 和 πi。因为这些数并不在实数轴上，所以你可以先想象出一整条虚数轴。

---

① 他当时正试图计算一个被截断的正方形金字塔的体积。

② 如果在 $i^2 = -1$ 方程两边各取平方根，你会得到等价的 $i = \sqrt{-1}$。

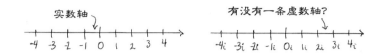

而且，因为虚数 0i 与实数中的 0 相等，你可以让两条数轴垂直相交于 0 和 0i 这个点。

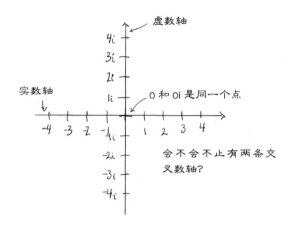

一旦你将实数的 0 和虚数的 0i 等同起来，你所看到的就不再只是两条数轴了。换句话说，横向的实数轴与纵向的虚数轴共同定义了一整个平面的数。在这个平面上，每个数都可以用其虚坐标和实坐标来确定。

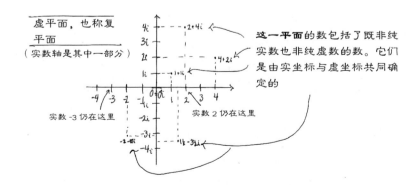

换句话说，广义上的虚数可以被写成 $a+bi$，这里的 a 和 b 都是实数，且 $i=\sqrt{-1}$。a 这个变量被称为"实部"，因为它旁边没有 i 这个虚数；b 这个变量则被称为"虚部"，因为它旁边有 i。数轴上的所有实数也被包括在这个平面中，而这个平面又被称为复平面。例如，数 5 与复平面上的 $5+0i$ 等价，这里的 0 表示没有虚部。但是，这个平面也包括既不在实数轴也不在虚数轴上的虚数。比如，$2+4i$ 是一个虚数，2 是实部，4 是虚部。实部和虚部不需要一定为正，也不需要一定为整数。例如，$-\frac{1}{2}+\pi i$ 是一个虚数，这里 $-\frac{1}{2}$ 为实部，π 为虚部。

当数学家们终于放弃了自己的固执，承认了虚数的存在，他们收获了回报。虚数为数学家们在代数和几何之间架起了桥梁。工程师们用虚数来设计飞机机翼，也用它来理解地震如何摇晃建筑物；他们还用虚数来模拟电路和流体的流动。虚数在现实生活中的许多应用都是通过虚数运算（加、减、乘、除）来实现的。虚数运算和对应的实数运算有很多重要的共同点。例如，就像将两个实数相加时顺序并不重要一样（比如，$2+3=3+2$），将两个虚数相加时，数的顺序也不重要。若将两个虚数相加，将它们的实部相加就得到答案的实部，再将它们的虚部相加就得到答案的虚部。例如，下图演示了如何将虚数 $-3+4i$ 和虚数 $5+6i$ 相加。

$$\underbrace{(-3+4i)}_{\text{一个虚数}}+\underbrace{(5+6i)}_{\text{另一个虚数}} = (-3+4i)+(5+6i) = \underbrace{(-3+5)}_{\text{把实部相加}}+\underbrace{(4+6)}_{\text{把虚部相加}}i = 2+10i$$

如果你曾经对一个数学上或生活上的问题感到迷茫，你想："要是这个问题不存在就好了。"相信我，你绝不是唯一一个这样想的人。古罗马人、古埃及人、古希腊人和毕达哥拉斯学派的学者们都体验过你的痛苦。不要忘记，数学和生活之所以有趣，正是因为它们蕴含着你必须努力才能揭开的奥秘。如果保持开放的心态，你可能会发现一些你以前完全不能想象的东西。

第 39 题

请找出两个虚数相加后得到一个实数的例子。你的例子引发了怎样的思考？

第 40 章
随机游走一番，沿途享受过程

单个大肠杆菌没有大脑、眼睛、耳朵或鼻子，但它仍能找到食物。为了增加向食物最集中的地方移动的可能性，大肠杆菌会旋转其鞭毛：逆时针旋转使其进行直线"跑步"运动，顺时针旋转则使其"翻滚"，即停留原地但改变方向。通过交替进行"跑步"和"翻滚"运动，这个生物可以随机游走。

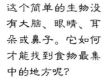
这个简单的生物没有大脑、眼睛、耳朵或鼻子。它如何才能找到食物最集中的地方呢？

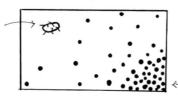
这些点代表食物，点越密集则代表食物越集中

物体从起点出发，漫游行走的路径在数学术语中叫作"随机游走"，但它并不总是像名字里所说的那样随机。一次不那么随机的随机游走被称为"偏"随机游走。大肠杆菌在随机游走时，直线"跑步"的距离遵守一定规则，因此它的随机游走是"偏"的。也就是说，大肠杆菌在翻滚后，若发现食物浓度较高，它会采取较长的步伐进行"跑步"；反之，若发现食物浓度较低，则会采取较短的步伐。大肠杆菌的每一步有着三个动作——检出食物浓度、"翻滚"来指向新方向、根据食物浓度用或长或短的步伐行进，走完一步后又再从头重复这三部

曲。大肠杆菌的路径也许十分曲折，但假以时日，它总能朝着食物浓度更高的地方前进。

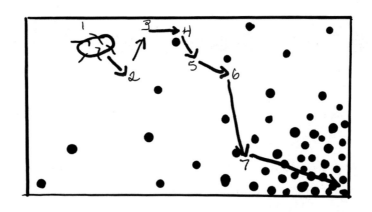

有时候，也许你也会觉得自己正在数学和生活中随机游走。你可以考虑偏向一个富有灵感的方向。如果你现在所处的位置充满了灵感，那么你可以通过更深入的阅读、更长时间的对话或解决更难的问题，大步往前迈进；如果没有什么灵感，那么不妨找本新书、找个不同的人，或者换个问题解决，小步往新的方向试探。在自己行走的路上，你应当为沿路获得的知识感到知足。即使答案在当下依然难以捉摸，认真的追求仍是值得尊敬的。完整的随机游走需要的时间不会太多，也不会不够。值得庆幸的是，这正是你所拥有的时间。

第 40 题

在一条数轴上进行一次随机游走，看看最后你会落入怪兽的洞穴，还是会到达漂亮的花园。（这个问题看起来虽然像是个小孩的游戏，但它确实包含了丰富的数学知识。）你只需要一张纸、一支铅笔和一枚硬币。画一条数轴，然后在 -10 的地方画一些怪兽，在 10 的地方画上漂亮的花园和蝴蝶。

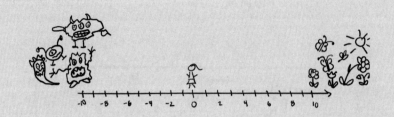

　　你的目标是到达花园，而不是落入怪兽的洞穴。若要在这个游戏中移动，就掷一次硬币。每掷一次，根据自己制定的规则，来决定你掷出的结果（硬币正面朝上或反面朝上）会导致怎样的移动。制定规则时，要让你的移动保留随机性，但也要引入一个非常小的朝着花园前进的偏向。注意，如果无论硬币掷出正面还是反面，都往右移的话，这就不能被称为随机游走，因为这样总会产生一条直达花园的路径。还要注意，如果硬币正面朝上就往右移一步、硬币反面朝上就往左移一步，这是随机游走，但不是偏随机游走，因为在这种情况下到达花园和怪兽洞穴的概率是一样的。你可以一直掷硬币，直到你到达花园或是怪兽洞穴。按你的规则玩几次这个游戏。当所有路径都朝着目标前进时，你的路径是不是效率很高？还是有时也会走回头路？无论如何，你在每个回合中是否总会最终到达花园和怪兽洞穴的其中一处？在玩了几次之后，你的规则有没有让你更频繁地到达花园？用语言解释一下，你在这个游戏中的游走为什么是偏随机游走？务必要把"偏"和"随机游走"两部分都解释清楚。

第 41 章
像爱因斯坦和 $E=mc^2$ 一样，屡败屡战

许多人知道，爱因斯坦提出了狭义相对论和公式 $E = mc^2$。但是，你知道爱因斯坦在研究他的著名公式时经历了失败吗？

$E = mc^2$ 这个公式表示，能量（E）与质量（m）是相关的。也就是说，质量可以转换为能量，能量也可以转换为质量。质量像是一种被冻结的能量，且能量本身也有质量。两者之间由一个比例常数连接，这个常数就是光速的平方（c^2）。这个公式表明，若要计算一本书的能量，就要将它的质量乘以光速的平方。由于光速非常快（大约 299 792 458m/s），因此哪怕是质量很小的物体也蕴含着惊人的能量。

爱因斯坦在 1905 年发表在《物理年鉴》上的一篇论文中提供了 $E = mc^2$ 的证明。在接下去的两年中，他又接着发表了这个等式的三份证明。在数学中，一份证明就够了。为什么要提供更多的证明呢？他是不是意识到他犯了错误？马克斯·普朗克在 1907 年的一篇论文中指出，爱因斯坦在他的证明中将一种特殊情况（缓慢运动的物体）的结果外推到所有情况，其中也包括快速运动的物体 [50]。数学家们绝不允许从一个特殊情况外推到所有情况中去。这么做就相当于说，因为我喜欢吃西兰花，所以全世界的人都喜欢吃西兰花。爱因斯坦最初发表的证明其实是不成立的。

错误也许令人感到气馁，但它们也是数学研究过程中必不可少的一部分。当爱因斯坦的故事在世界舞台上徐徐展开之时，他必须尽快厘清他在数学上的误解。在纠正自己的错误的过程中，爱因斯坦对 $E = mc^2$ 乃至整个狭义相对论的领域都产生了更深的认识。

许多年之后，爱因斯坦与一个名叫芭芭拉的年轻女孩有过信件来往[51]，这个女孩当时非常担心自己的数学能力。

1943 年 1 月 3 日

尊敬的先生，

我仰慕您已经很久了。我曾多次落笔，写了个开头就把信撕成了碎片。这是因为您是一位如此优秀的人，从我读到的内容来看，您一直都是如此。我只是个普通的 12 岁女孩，在艾略特中学 7A 班上学。

在我的班上，大部分的女孩子都有她们心目中的英雄，也都会给她们的英雄写信。您和我在海岸警卫队任职的叔叔都是我的英雄。

我的数学在班里比平均水平要低一点儿。和我的大多数朋友相比，我要在数学上花费更多的时间。我有些担心（也有可能是我想太多了吧），但我心底还是相信一切都会好的。

一天晚上，当我们一家在听电台节目的时候，我听到了您和一个八岁小女孩的故事，然后我就和我的妈妈说，我想要给您写信。她说"好呀"，她还说也许您会回信的。啊，尊敬的先生，我真的希望您能给我回信。随信附上我的名字和地址。

芭芭拉

1943 年 1 月 7 日

亲爱的芭芭拉，

你的来信让我感到非常高兴。在此之前，我做梦也没有想过我能成为英雄一样的人物，但因为你把我称作你的英雄，现在我感觉我真的是一个英雄了！被选为美国总统一定就是这种感觉。

不要担心你在数学上碰到的困难。我能向你保证，我在数学中遇到的困难比你的更大。

阿尔伯特·爱因斯坦教授

在数学和生活追求中，谁不曾有过芭芭拉那样的感受呢？你是不是觉得别人在数学上比你进步更快？芭芭拉在低谷时，想到了与一位善良而又了解她所面临的挑战的人沟通，她的直觉非常好。她是否想过，爱因斯坦有时也会挣扎，甚至失败？

"我没有什么特殊的才能。我只是充满了好奇心。"爱因斯坦曾经说道[52]。旺盛的好奇心不能阻止你犯错误。你甚至可能发现它会让你犯更多的错误，即使最后它能引领你得到新的灵感。专注于自己的数学目标，不要担心自己在数学上遇到的困难，毕竟爱因斯坦遇到的困难更大。

第 41 题

如果你只是听说过，但没有研究过 $E = mc^2$ 这个公式，这道题会给你机会让你尝试研究一下。让好奇心做你的向导，如果在过程中遇到难处也不要担心。

这两种能量哪种更大：你手里拿着的这本书所蕴含的能量，还是 7 月纽约市所消耗的能量？[①]下列事实可以帮助你回答这个问题。

---

① 这道题的灵感来源于布莱恩·格林于 2005 年 9 月 30 日在《纽约时报》上发表的文章：《著名的公式和你》（"That Famous Equation and You"）。该文提到了这道题的答案，但没有提供背后的数学细节。

- 根据纽约市经济发展局的数据，纽约市在 2013 年 7 月消耗的能源总量为 10 亿 MMBtu[53]。

- MMBtu 意为 100 万英热单位（British thermal unit）。

- $E = mc^2$。

- 光速为 299 792 458m/s。

- 当你将以千克为单位的质量乘以光速平方时，得到的结果的单位为焦耳。

- 1 英热单位约等于 1.06 焦耳。

第三部分　精神的数学

第 42 章
在克莱因瓶上迷失方向

当你围绕地球转了一圈回到起点时，你还是会处于头朝上的直立状态。地球上的生活容易预测，因而是可靠的。但是，如果地球的形状是某种不同寻常的数学物体——比如本章马上就要讲到的克莱因瓶，你绕地球转一圈回到起点时，你会发现自己处于倒立的状态。在一个克莱因瓶形的星球上，生活不会是无聊的。

在描述克莱因瓶之前，我需要先解释一下你看不到克莱因瓶整体的原因。你在三维世界里生活，而克莱因瓶是个四维物体。遗憾的是，在三维世界中不能完整地描述一个四维物体。试图在三维空间中"看到"一个四维的克莱因瓶，与试图在一张二维的纸上"看到"一个三维的立方体有着类似的限制。当你在纸上画一个立方体的时候，你需要想象它的深度，因为一张纸是没有深度的。

在二维纸上绘制的一个三维立方体。用你的想象力来"看到"立方体"跃出纸面"

另外，你需要告诉你的大脑，在这张图中，有些线虽然看起来互相交叉，但在实际的立方体中是没有交叉的。

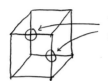

你的大脑调整后告诉你，圈起来的交叉点并不是真正的交叉点

同样，若要在三维世界中为一个四维的克莱因瓶建模，你需要告诉你的大脑，有时线和平面虽然在草图或是三维模型中交叉，但在四维空间中实际是没有交叉的。

要制作一个克莱因瓶，先从一个矩形开始，且在矩形的边缘做上如下的标记。

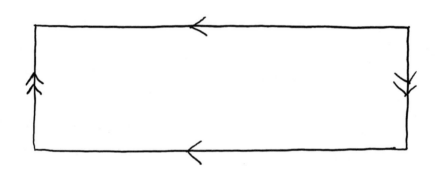

接下来，把矩形的两条长边粘在一起，使箭头对齐。在这一步结束后，你就应该得到了一个圆柱体。

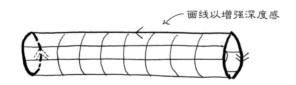

画线以增强深度感

在准备连接剩下的两条边时，把圆柱体的一端缩小，同时放大圆柱体的另一端。

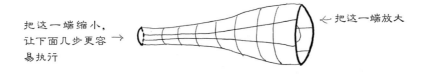

把这一端缩小，让下面几步更容易执行 →

← 把这一端放大

现在，把变形的圆柱体缩小的那端向放大的那端弯曲。

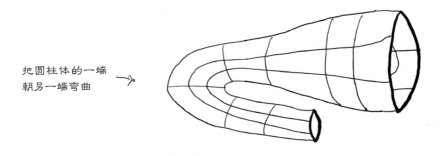

把圆柱体的一端朝另一端弯曲 →

下一步要小心，不要把短边连接起来，如果这样，你最终得到的是一个疙疙瘩瘩的甜甜圈，而不是一个克莱因瓶。

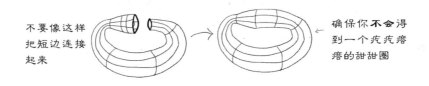

不要像这样把短边连接起来

→ 确保你**不会**得到一个疙疙瘩瘩的甜甜圈

一个疙疙瘩瘩的甜甜圈是一个定向性的三维物体，而不是更有趣的、无定向性的四维克莱因瓶。在这里，如果一个物体是"定向性"的，是指在这个物体上绕了一圈后，回到起始点时不会有上下颠倒的危险。

要完成你的克莱因瓶，将变形圆柱体的缩小端向放大端弯曲，让其与自身相交，然后从你现在长相怪异的圆柱体的"内部"将两条短边粘在一起。

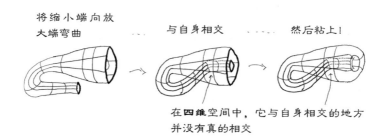

将缩小端向放大端弯曲 ⋯ 与自身相交 ⋯⋯ 然后粘上！

在**四维**空间中，它与自身相交的地方并没有真的相交

当你在三维世界中把两条短边粘在一起时，你的克莱因瓶看起来与自身相交了。但是，在克莱因瓶真实存在的四维空间里，它与自身并不相交。现在你有了一个模型，想象一下绕着你的克莱因瓶走一圈，在你的身后留下墨水的痕迹。

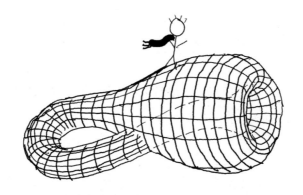

我在这里，走在我的克莱因瓶上

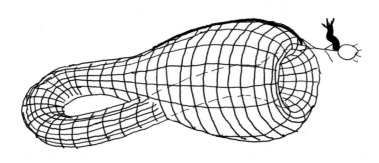

我注这边走，这似乎像是"内部"，但我并没有越过任何边缘或者边界

虽然你的克莱因瓶看起来有一个"外部"和一个"内部"，其实它只有一个面，且没有边。克莱因瓶没有内外之分，它只有一个连续的面。

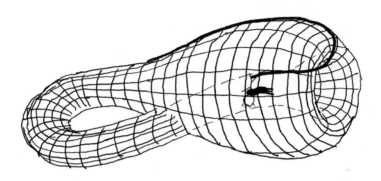

奇怪，我和我的起始点仍在同一个"面"上

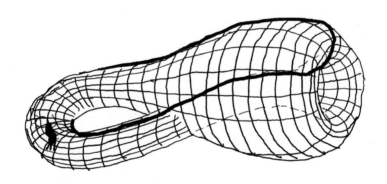

等一下，我看到我的起始点了，我朝那边走吧

你的漫步可能会把你带回起始点。它只有一个面，因为整个克莱因瓶只有一个面。有时候绕着克莱因瓶走一圈回到起始点时，你会发现你竟然上下颠倒了。

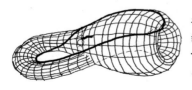

等一下！我没有越过任何边缘或者边界，而且我和我的起始点在同一个面上。另外，我现在回到了起始点上，但我上下颠倒了！

纯粹数学家非常喜爱克莱因瓶。这些抽象的数学物体蕴含了艺术、科学、数学严肃甚至顽皮的一面。许多数学爱好者会在他们的桌上放置一个克莱因瓶的模型，象征数学的一切乐趣和美好。对于一个纯粹数学家来说，一个克莱因瓶本身就是有趣而完整的，它不需要被应用来证明它是存在的。不过值得注意的是，应用数学家们已经发现了对克莱因瓶进一步研究的理由。例如，斯坦福大学的研究人员在美国国家科学基金会的支持下研究人类视觉，并已经确定人类大脑使用了克莱因瓶的拓扑结构来对高级数据进行压缩。这个发现加深了我们对视觉的理解，而且可能会引导我们发明非常强大的数据压缩技术 [54]。

有些人在数学或生活追求中迷失方向时，就会心慌意乱。然而，你可以考虑接受有时会迷失方向，因为它有可能会为你的生活增加一个新的维度。

第 42 题

在井字棋中，两名玩家交替将"X"或"O"放在一个三乘三的格子上，试图让属于他们自己的标记三个连成一线。如果将井字棋的棋盘画在一张用来建造克莱因瓶模型的纸上，要怎样出招才能胜利呢？

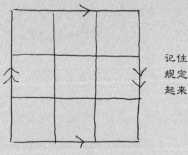

记住，每条边都会以规定的方式互相连接起来

不妨思考一下，一旦克莱因瓶组装完毕，九个方块中哪些是相邻的。下页图给出了解题的关键：中间的是三乘三的井字棋棋盘，边缘列出了会与其中各个方块相邻的方块。

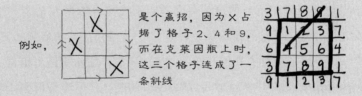

请注意，在克莱因瓶上玩井字棋的时候，会比玩二维井字棋有更多的赢招。

例如， 是个赢招，因为 X 占据了格子 2、4 和 9，而在克莱因瓶上时，这三个格子连成了一条斜线

第 43 章

超立方体：走出你熟悉的领域

　　美国布朗大学的数学教授、美国数学协会原主席托马斯·班科夫在 1975 年接到一个电话，他被邀请与西班牙著名超现实主义画家萨尔瓦多·达利见面，他的朋友建议，这 "不是恶作剧就是打官司" [55]。那时，《华盛顿邮报》刚发表了一篇文章，介绍了班科夫和他对四维几何的研究。文章中既有班科夫的照片，也有达利的画作《耶稣受难》（ *Crucifixion* ）的照片，但没有得到达利的许可。班科夫很快前往纽约与达利会面，从那时起，由于两人在数学、艺术，尤其是四维空间的共同兴趣，他们建立了长达几十年的友谊。

　　在《耶稣受难》中，达利描绘的基督不是被钉在十字架上滴着血，而是一具毫发无损的健康身体，悬浮在一个展开的四维立方体前。四维立方体又被称为超立方体。就像你能将一个三维立方体展开为六块二维正方形一样，一个四维的超立方体也可以被展开为八个三维立方体。

　　大多数人认为立方体是一个三维物体 ①，但数学家们认为 "立方体" 可以存在于任何维度。零维度的 "立方体" 就是一个点。如果要用零维 "立方体" 制作一维 "立方体"，就复制零维 "立方体"，且将其向任意方向拖动一个单位，然后用直线将两个点连接起来。最后得到的一维 "立方体" 就是一条有长度的线段。

---

① 幸运的是，大众意识中的三维立方体与数学家对三维中的立方体的定义相同。

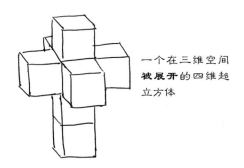

一个在三维空间**被展开**的四维超立方体

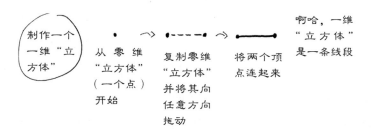

制作一个一维"立方体"

从零维"立方体"（一个点）开始

复制零维"立方体"并将其向任意方向拖动

将两个顶点连起来

啊哈，一维"立方体"是一条线段

如果要用一维"立方体"制作二维"立方体"，就复制一维"立方体"且将其向与之垂直的方向拖动一个单位，再用直线把顶点连起来。最后得到的二维"立方体"就是一个有长和宽的正方形。

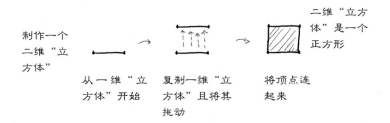

制作一个二维"立方体"

从一维"立方体"开始

复制一维"立方体"且将其拖动

将顶点连起来

二维"立方体"是一个正方形

如果要用二维"立方体"制作三维"立方体"，就复制二维立方体并将其向与之垂直的方向拖动，再用直线把顶点连起来。最后得到的三维"立方体"就是大多数人眼中的立方体，也就是一个有长、宽、高的盒子形的物体。

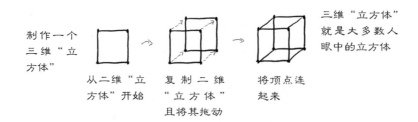

因为你和所有人一样，都住在三维世界，在这里，你就没有其他互相垂直的方向了。尽管明知道在低维空间渲染高维物体会被扭曲，你可能还是会试试按照既定的规则来构建一个四维的"立方体"，也就是所谓的超立方体。不管如何，复制三维立方体，并将其拖向三维世界中不存在的方向。因为你无法知道真正的方向，所以任何方向都可以。在复制并拖动三维立方体之后，你就应该用直线把顶点连接起来。你的目标是将四维立方体，也就是超立方体可视化，即使你知道这个物体并不能存在于三维世界。

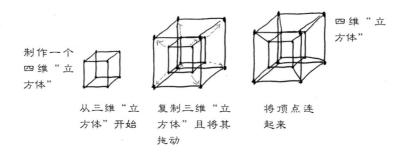

要掌握超立方体，你需要走出自己的经验领域。在跃入超立方体的四维空间之前，先想一想展开一个三维立方体时会发生什么。换句话说，当你展开一个三维立方体时，你会看到它是由六个二维"立方体"组成的，每个面形成一个二维"立方体"。

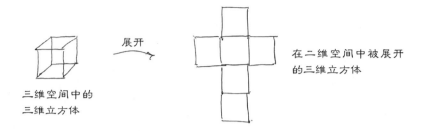

三维空间中的
三维立方体

展开

在二维空间中被展开
的三维立方体

同样，一个被展开的超立方体也存在于比它自己的世界低一维度的空间。也就是说，一个被展开的超立方体存在于三维世界中。而且，超立方体的每个"面"都是一个三维立方体。有多少个三维立方体组成了超立方体的"面"呢？你把它们勾画出来就能看到了。

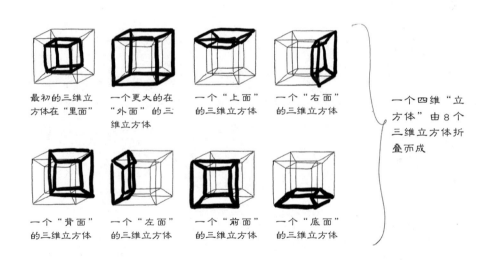

最初的三维立方体在"里面"

一个更大的在"外面"的三维立方体

一个"上面"的三维立方体

一个"右面"的三维立方体

一个"背面"的三维立方体

一个"左面"的三维立方体

一个"前面"的三维立方体

一个"底面"的三维立方体

一个四维"立方体"由8个三维立方体折叠而成

上图表明，一个超立方体是由8个三维立方体折叠而成的。当你将超立方体展开后，它存在于三维空间中。

当达利在一个展开的超立方体上描绘基督时，他是否在发表关于跨越维度的声明？

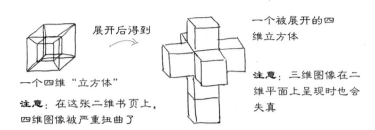

一个四维"立方体"

展开后得到

一个被展开的四维立方体

注意：在这张二维书页上，四维图像被严重扭曲了

注意：三维图像在二维平面上呈现时也会失真

超立方体不仅仅是一场有趣的思想实验。爱因斯坦的狭义相对论确定了光相对所有观察者都是以恒定速度运动的，而表达它的最好方式是在四维空间中。另外，弦理论是物理学的一个分支，旨在理解宇宙的结构，而弦理论中的数学需要十维空间和一维时间。为了理解数学和你周围的世界，你有时可能需要走出自己熟悉的领域。

第43题

在本章中，你看到了如何通过复制一个三维立方体，并将其拖向一个未知的方向来构造一个超立方体。然后，你将顶点连接起来，因此找出了组成超立方体的所有面的八个三维立方体。因为拖动的方向是未知的，所以你拖动三维立方体的方向可能与本章图中不同。比如，你可能是像下面这样拖动三维立方体的。

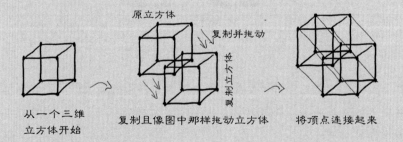

从一个三维立方体开始

原立方体

复制并拖动

复制立方体

复制且像图中那样拖动立方体

将顶点连接起来

找出图中作为超立方体的面的三维立方体。当超立方体以这种方式呈现时，你是否也能在其中找出八个三维立方体？

第44章
跟随好奇心，沿着空间填充曲线前进

19世纪，意大利数学家朱塞佩·佩亚诺想知道是否存在一种曲线①可以完全填满一个空间，比如一个正方形。从数学上讲，曲线与正方形是截然不同的物体。要观察两者之间的差异，在这两个物体上各选择一个点，并思考一下这两个点邻域内的点的情况。在一条曲线上，一个点的邻域只有两个方向上的点，你可以称这两个方向为"前"和"后"。

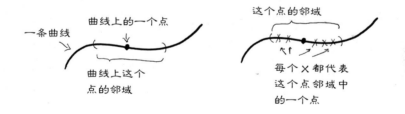

与此同时，在一个二维的正方形中，一个点周围的点可以存在于许多不同的方向：前、后、上、下，等等。

这里重要的一点是，线段是有长无宽的一维物体，而正方形是有长有宽的二维物体。

---

① 在数学中，一条"曲线"可以是直的、弯的，甚至波浪状的。

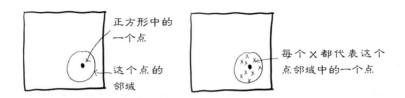

某些数学家针对佩亚诺的疑问，在没有进行任何研究的情况下，提出空间填充曲线不可能存在。他们说，即使这条曲线弯回来与自身加在一起，可以得到两倍的宽度，宽度仍是 0（因为 $2 \times 0 = 0$）。他们还没有开始，就已经放弃了对这个问题的研究。

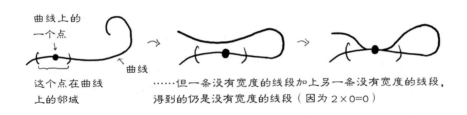

佩亚诺却越来越好奇，想知道是否还有其他的方式来看待这个问题。

他明白，由于上述原因，在我们这个非常有限的世界里，可能永远不会存在空间填充曲线。但是，他认为空间填充曲线可能存在于无限的世界中。现在集中注意力，看我解释如何"看到"一个无限的世界。虽然佩亚诺可以在纸上画出一条有限的曲线（比如线段），但他知道不可能在纸上画出一个无限的图像。要"看到"任何无限的构造，他首先需要在纸上画出一系列有限的且符合一定模式的草图。然后，他需要想象将这个模式无限延续下去，来想象无限的构造。换句话说，基于有限构造序列的无限构造是存在的，但它们只能存在于我们的脑海之中。

佩亚诺决定定义一系列草图，将越来越细分的线段（"曲线"）映射到越来越细分的正方形中（他所希望曲线最终填充的"空间"）。因此，他开始将每条线段不断细分为一条条连续但更短的子线段，将每个正方形再细分为一个个连续但更小的子方块。

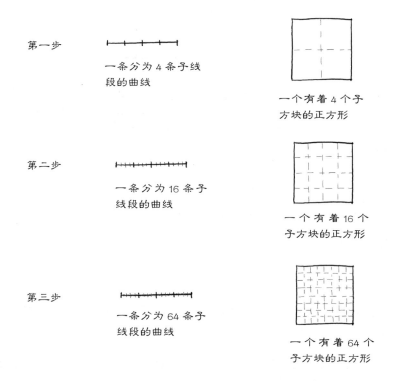

第一步 一条分为 4 条子线段的曲线 一个有着 4 个子方块的正方形

第二步 一条分为 16 条子线段的曲线 一个有着 16 个子方块的正方形

第三步 一条分为 64 条子线段的曲线 一个有着 64 个子方块的正方形

他已经建立了一个模式，这样之后的步骤就很清晰了。例如，在第四步，这条曲线会有 256 条子线段，这个正方形也会有 256 个子方块。

接下来，他很可能通过如下页图所示的方式，将每条子线段蜿蜒穿过每个子方块的中心，且可能会根据需要拉伸线段。

同样，他又定义了一种模式，可以将子线段映射到子方块中。这样，无须画出来，他就可以知道第 10 步、第 100 步，乃至第 100 万步的图案是怎样的。

若要从这一系列有限的图案中得到无限构造，佩亚诺知道，他的映射序列中的每个映射都需要遵守一些规则。首先，这个序列中的每个映射都可以根据需要拉伸线段，但是，在初始线段上相邻的点被映射到正方形上时至少应该保持相邻。或者说，在线段上彼此距离较"远"的点在被映射到正方形上时仍应该保持较"远"的距离。

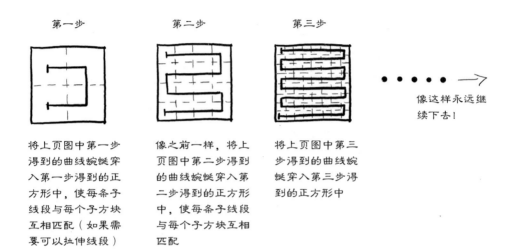

第一步

将上页图中第一步得到的曲线蜿蜒穿入第一步得到的正方形中，使每条子线段与每个子方块互相匹配（如果需要可以拉伸线段）

第二步

像之前一样，将上页图中第二步得到的曲线蜿蜒穿入第二步得到的正方形中，使每条子线段与每个子方块互相匹配

第三步

将上页图中第三步得到的曲线蜿蜒穿入第三步得到的正方形中

像这样永远继续下去！

遗憾的是，在这个序列中蜿蜒的曲线至少违反了其中一个必要规则。举个例子，思考一下第三步的线段是如何被映射到正方形上的。在下面的草图中，点 *A* 和点 *B* 在初始线段上距离较近，在映射后距离依然较近，这一点符合规则。

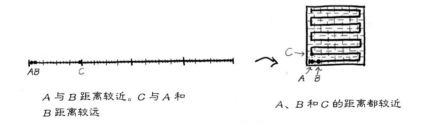

A 与 *B* 距离较近。*C* 与 *A* 和 *B* 距离较远

A、*B* 和 *C* 的距离都较近

但是，有许多对点，如点 *A* 和点 *C*，在初始线段上距离较"远"，但在被映射到正方形上后距离就变"近"了。尽管这一系列的蜿蜒曲线看上去很有趣，但它违反了其中至少一个至关重要的规则。因此，这条蜿蜒曲线的无限版是不存在的。佩亚诺需要另辟蹊径。

　　随着时间流逝，佩亚诺发现了一系列曲线，当它被映射到正方形上时，线段上距离较"近"的点保持了较"近"的距离，而较"远"的点也保持了较"远"的距离。很快，他就通过延续这系列曲线且映射无数次得到了一条空间填充曲线。不幸的是，他的这条空间填充曲线实在太复杂了，没几个人能懂。

　　这时，德国数学家戴维·希尔伯特出现了。他又对佩亚诺的思想进行了一些研究，其间又进行了完善和简化。他的曲线现在被称为希尔伯特空间填充曲线，要理解这条曲线，只需要先画出以下所谓伪希尔伯特曲线就可以了。

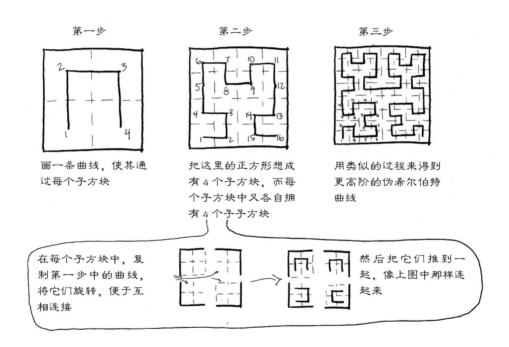

第一步

画一条曲线，使其通过每个子方块

第二步

把这里的正方形想成有 4 个子方块，而每个子方块中又各自拥有 4 个子子方块

第三步

用类似的过程来得到更高阶的伪希尔伯特曲线

在每个子方块中，复制第一步中的曲线，将它们旋转，便于互相连接

然后把它们推到一起，像上图中那样连起来

　　以上步骤不论进行 10 次、100 次乃至一百万次，都没有一条伪希尔伯特曲线是真正的空间填充曲线。这是因为，一条伪希尔伯特曲线上的每条子线段都只能填充一个子方块中零宽度的一小片。但是，这一系列伪希尔伯特曲线与之前的蜿蜒曲线不同，它最终可以拥有一个无限版，这在很大程度上是因为，伪希尔伯特满足了保持"近"点相近、"远"点相远的规则。也就是说，伪希尔伯

特曲线的无限序列最终可以产生希尔伯特空间填充曲线。

牛顿在他的《自然哲学的数学原理》中曾试图禁止空间填充曲线的概念。把一维线段转化为二维正方形的想法动摇了他建立几何认识的基础。而如今很少有数学家怀疑空间填充曲线的存在（希尔伯特空间填充曲线尤其受欢迎）。就像数学需要佩亚诺的好奇心一样，空间填充曲线是十分真实的。

第 44 题

本章中提到的伪希尔伯特曲线的无限版并非唯一的空间填充曲线。另一种不同的空间填充曲线的第一条伪空间填充曲线如下图所示。

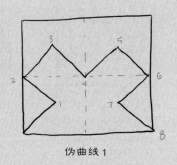

伪曲线 1

找到这一序列中的第二条和第三条伪曲线。确保你建立的模式对于产生高阶曲线的步骤来说足够清晰。

第45章

分数维：锻炼你的想象力

在你的三维世界中，要观察一维、二维和三维的物体很容易。例如，一个盒子向三个相互垂直的方向延伸：长、宽和高。一张二维的纸有着长和宽[①]。一根一维的头发只有长度[②]。

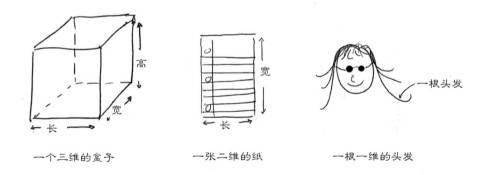

一个三维的盒子　　　　　一张二维的纸　　　　　一根一维的头发

但是，你应当了解，有一些物体的维度不是用数字 1、2 或 3 来表示的。比如，科赫曲线的维度就介于一条线的维度和一张纸的维度之间。具体地说，科赫曲线大约有 1.261 86 维，因此它的维度是分数维，而不是用整数表示的维度。尽管它像一个盒子、一张纸或是马路中央那条线一样真实，但你只有发挥你的

[①]　严格意义上来讲，一张纸有微乎其微的高，但在这里为了便于讨论，假设高为零。

[②]　同样，一根一维的头发有微乎其微的宽，但在这里为了便于讨论，假设宽为零。

想象力才能"看"到它。

　　为了将科赫曲线可视化，先从直线段开始。第一步，将这条线段一分为三。第二步，将中间的三分之一换成一个倒立的"V"字形：倒立的"V"字形由两条线段组成，每条线段的长度与被替换的那条相同。

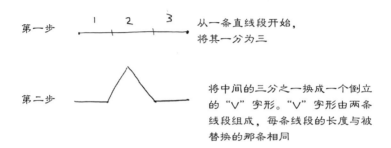

第一步　　从一条直线段开始，将其一分为三

第二步　　将中间的三分之一换成一个倒立的"V"字形。"V"字形由两条线段组成，每条线段的长度与被替换的那条相同

　　现在对上图第二步中的四条线段分别重复第一步和第二步。

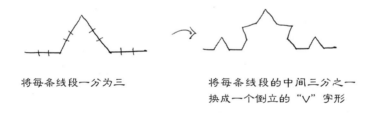

将每条线段一分为三　　　　将每条线段的中间三分之一换成一个倒立的"V"字形

　　然后对产生的每条线段再次重复第一步和第二步。

　　然后对产生的每条线段再次重复第一步和第二步。

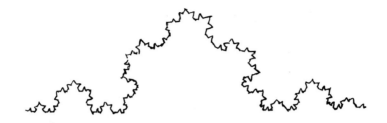

永远不要停止对每次产生的所有线段重复第一步和第二步。也就是说，将第一步和第二步重复无数次。请注意，连上一张草图也不是真实的科赫曲线，因为真实的科赫曲线需要更多细节，而画出这些细节需要耗尽所有的时间。尽管如此，上一张草图仍可以帮助你直观地感受到科赫曲线的一些视觉和触觉上的特质。也就是说，如果沿着一条科赫曲线行走，尽管不能探索完整宽度，但你可以走完曲线全长且仅走完宽度的一部分。

要理解为什么科赫曲线的维度大约是 1.261 86，我们从下表中归纳的人们长期以来对维度的理解出发。

物体	维度
线	1
纸	2
盒子	3

要确定一个物体的维度，首先要确定需要将原物体复制多少次，才能构造出一个与原物体形状相似但各边长为其两倍的新物体。比如，要将一条一维的线段长度变为原来的两倍，你需要两条与原线段一样的线段。

①　　②

一条一维的线段　　　　　　　你需要两条这样的线段来将其变
　　　　　　　　　　　　　为原来的两倍

要将一个二维的正方形的各边长变为原来的两倍，你需要与该正方形相同的 4 个正方形。

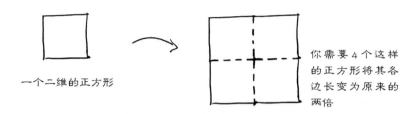

一个二维的正方形

你需要 4 个这样的正方形将其各边长变为原来的两倍

要将一个三维的立方体的各边长变为原来的两倍，你需要与该立方体相同的 8 个立方体。

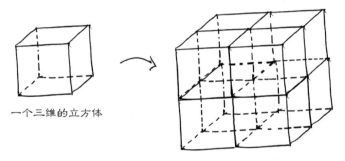

一个三维的立方体

你需要 8 个这样的立方体将其各边长变为原来的两倍

你可以将这些信息归纳到如下的表格中。

物体	维度	要得到形状相似但各边长为原来两倍的物体，需要复制原物体的次数
线	1	2
纸	2	4
盒子	3	8

你可以把它重写成下表这样。

物体	维度	要得到形状相似但各边长为原来两倍的物体，需要复制原物体的次数
线	1	2^1
纸	2	2^2
盒子	3	2^3

看一下最后一列中的指数：物体的维度出现在了指数上。一般来说，要将一个 n 维的物体各边长放大为原来的两倍，你需要复制原物体 2^n 次。

如果你要将原物体各边长放大为原来的 3 倍，物体的维度也同样会出现在指数上。

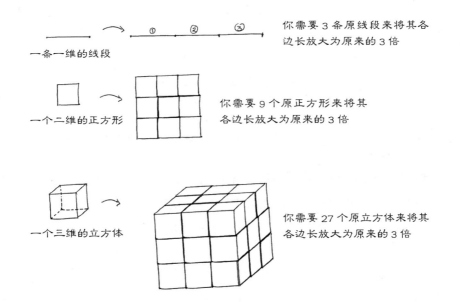

你需要 3 条原线段来将其各边长放大为原来的 3 倍

一条一维的线段

你需要 9 个原正方形来将其各边长放大为原来的 3 倍

一个二维的正方形

你需要 27 个原立方体来将其各边长放大为原来的 3 倍

一个三维的立方体

你可以把这些信息归纳到下页的表格中。

也就是说，如果一个物体是 n 维的，若要将其各边长放大为 S 倍，你就需要 S^n 个原物体。这种维度的定义不仅对一维的线、二维的纸和三维的盒子有效，而且对确定科赫曲线的维度也同样有效。也就是说，若要计算科赫曲线的维度，就要回答这个问题：要将一条科赫曲线复制多少次才能将其放大？

物体	维度	要得到形状相似但各边长为原来 3 倍的物体，需要复制原物体的次数
线	1	$3 = 3^1$
纸	2	$9 = 3^2$
盒子	3	$27 = 3^3$

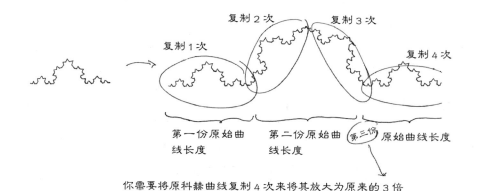

你需要将原科赫曲线复制 4 次来将其放大为原来的 3 倍

就像上图画的那样，你需要将一条科赫曲线复制 4 次来将其放大为原来的 3 倍。也就是说，要创造一条与原形状相似但长度为原来 3 倍的科赫曲线，需要 4 份原科赫曲线。因此，你可以尝试在下面的方程中求解 d。

$$3^d = 4$$

思考一下这个方程。$d=1$ 吗？不行，因为 $3^1 = 3$，不是 4。$d=2$ 吗？不行，因为 $3^2 = 9$，仍然不是 4。

你想要解 $3^d = 4$ 这个方程。看起来 d 比 1 大，但比 2 小。因为 1 和 2 之间没有别的整数，d 肯定不是整数。这里第一次提示了你，科赫曲线的维度 d 是分数的。事实证明：

$$d \approx 1.261\,86$$

这里波浪状的等号表示"约等于"。你可以用计算器验算一下，$3^{1.26186} \approx 4$。

科赫曲线让我们得以一瞥一个陌生的分数维的世界。当你发挥你的想象力去"看"分数维的时候，你让自己接受了这不寻常的可能性。今后，如果有人说你在数学或生活中的选择有限，你可以回答："啊，但我们要记得科赫曲线给我们上的这一课！"

第 45 题

找到谢尔宾斯基三角形的近似（分数）维度。你可以如此想象一个谢尔宾斯基三角形。

第一步：画一个顶端朝上的等边三角形。

第二步：在每条边上标上中点。将这三个中点两两相连，你就会在原等边三角形中心看到一个更小的、倒立的等边三角形。

对你得到的每个更小的顶端朝上的等边三角形重复第一步和第二步的操作。

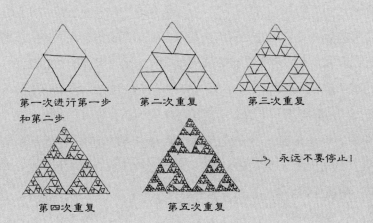

第一次进行第一步　　第二次重复　　　　第三次重复
和第二步

第四次重复　　　　　第五次重复　　　→ 永远不要停止！

第 46 章
无穷也分大小，行事要谨慎

有些人可能以为所有无穷的集合都一样大。但是，有些无穷实际上比其他无穷大。要怎么比较无穷呢？要比较两个有穷集合的大小，我们先数一数每个集合所含元素的数量，然后将这两个数量相互比较，较大的那个数量对应的就是较大的集合。比如，一年中月数的有穷集合包含 12 个元素，而一周中天数的有穷集合则包含 7 个元素，因为 12>7，所以我们知道一年中月数的有穷集合要比一周中天数的有穷集合大。由于无穷集合没有对应的数字来表示它们的大小，因此在比较无穷集合大小的时候，我们需要另一种方法。

最小的无穷被称为"可数"无穷，但"可数"这个词有点儿误导人。也就是说，你永远不可能完全数完一个可数无穷集合中的所有元素。实际上，你可以把一个可数无穷集合中的元素组织起来，让你不遗漏任何一个元素地慢慢数下去，直到时间尽头。例如，最著名的可数无穷集合就是自然数集合。你可以按这样的顺序排列自然数：0, 1, 2, 3, 4, 5, …。这里的"…"表示你应该永远以"+1"的方式来获得下一个数。用这样写出的列表，你可以确定，每个自然数都包含在列表中。比如，17 是列表中的第 18 个数，而 4592 则是列表中的第 4593 个数。对于按数字顺序排列而成的自然数列表，理论上你可以这样一直数下去，且不遗漏任何一个自然数，直到时间尽头。

在介绍比较无穷集合大小的方法之前，你首先要理解集合之间的一一对应关系。两个集合之间的一一对应关系是指集合元素相互匹配，即其中一个集合的每个元素与另一个集合的不同元素一一配对，并且两个集合中都没有剩下不能匹配的元素。你可以试着将两个有穷集合或两个无穷集合一一对应。在下图的例子中，左图画的是两个有穷集合的一一对应关系，而中图和右图画的是两个没有一一对应关系的有穷集合。

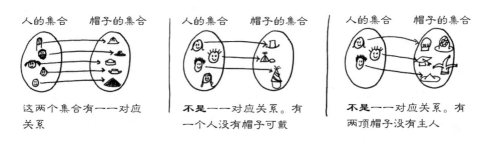

同样，像下图中描述的一样，一年中月数的集合与一周中天数的集合也没有一一对应关系。

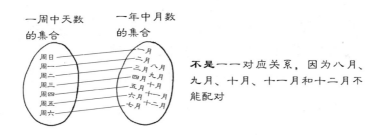

当你确定两个集合不存在一一对应关系的时候，你就可以确定这两个集合的大小一定不相等，得到这个结论完全不需要参考每个集合中元素的具体数量。反过来说，如果两个集合之间存在一一对应关系，就可以保证这两个集合的大小一定相等，同样，得到这个结论也完全不需要参考集合中元素的数量。比如，像下页图中画的一样，一只手上手指的集合与一只脚上脚趾的集合存在着一一对应关系。

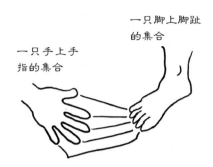

既然你找到了这个手指集合和脚趾集合的一一对应关系，你就可以在不用数手指和脚趾的情况下确定这两个集合大小相等。当然，要数出五个手指和五个脚趾，然后比较数量并不困难。但是，当计数困难或者不可能的时候，比如在无穷集合的情况下，你就会发现这个用寻找一一对应关系来比较集合大小的方法至关重要。

我们之前说到可数无穷，也就是最小的无穷，是自然数集合的大小：（0, 1, 2, 3, …）。如果一个集合是可数无穷大的，那么你应当可以在这个集合和自然数集合之间找到一一对应关系。比如说，我们来比一下自然数的无穷集合（0, 1, 2, 3, …）和偶数自然数的无穷集合（0, 2, 4, 6, …）。两个集合都是无穷大的，但它们的无穷大小一样吗？乍一看，你可能会注意到，偶数自然数集合中的每一个元素都在自然数集合中，而且自然数集合还包含了奇数。因此，看起来自然数集合应该比偶数自然数集合要大。

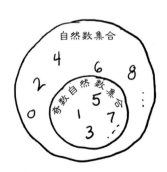

在这里，我们要谨慎行事，因为在考虑无穷集合时，你对大小的直觉可能会导致错误的判断。比如，你可以试着找到这两个集合的一一对应关系：在下图的对应关系中，每一个非零自然数集合中的偶数都和它们在非零偶数自然数集合中的自身互相对应。

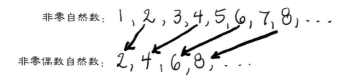

这个对应关系不是一一对应的，因为在自然数集合中，奇数没有可以匹配的对象。但是，这两个集合之间是存在一一对应关系的！比如，考虑一下这种对应关系：每一个非零自然数都与它自身乘以 2 的偶数自然数相匹配。

试一试：将自然数 n 和偶数自然数 $2n$ 对应起来（$n \neq 0$）

非零自然数：1，2，3，4，5，6，7，8，...
非零偶数自然数：2，4，6，8，10，12，14，16，...

因为自然数集合与偶数自然数集合之间存在着一一对应关系，那么这两个无穷集合的大小是一样的。也就是说，自然数集合与偶数自然数集合都是可数无穷集合。

那么分数（也被称为有理数）集合呢？它与自然数集合比较起来结果如何？下页的维恩图包含了各种集合的代表性元素[1]，并且说明所有的自然数都是分数，但有许多分数并不是自然数。

---

[1]　由于分数集合和自然数集合都是无穷集合，我们不可能将它们中的所有元素都列出来，放到维恩图中。因此，这张维恩图只包含了其中一些代表性的元素。

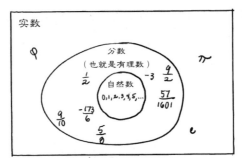

注意：此图中的每一部分都包含了无穷多的数，
列出来的数都只是代表

　　尽管如此，我们从上一个例子中得知，在一个已经无穷大的集合中再加些
数，并不一定会将它变大。要比较两个无穷集合，你必须确认两者之间有没有
一一对应关系。要确认这一点，首先我们要着手找出一种方法来在不遗漏的情
况下列举所有的分数。然后，再确定这个分数的列表与自然数之间有没有一一
对应关系（此处讨论非零情况）。要创建你的有序分数列表，你可以把它们列出
来，如下图所示。

$$\frac{1}{1} \quad \frac{1}{2} \quad \frac{1}{3} \quad \frac{1}{4} \quad \frac{1}{5} \cdots$$

$$\frac{2}{1} \quad \frac{2}{2} \quad \frac{2}{3} \quad \frac{2}{4} \quad \frac{2}{5} \cdots$$

$$\frac{3}{1} \quad \frac{3}{2} \quad \frac{3}{3} \quad \frac{3}{4} \quad \frac{3}{5} \cdots$$

$$\frac{4}{1} \quad \frac{4}{2} \quad \frac{4}{3} \quad \frac{4}{4} \quad \frac{4}{5} \cdots$$

$$\frac{5}{1} \quad \frac{5}{2} \quad \frac{5}{3} \quad \frac{5}{4} \quad \frac{5}{5} \cdots$$

$$\vdots \quad \vdots \quad \vdots \quad \vdots \quad \vdots$$

　　虽然你不可能列出所有的分数，但这样列表可以保证每个分数在其中都有

属于自己的位置。当然，有些数其实被重复了，比如：$\dfrac{2}{1}=\dfrac{4}{2}$。为了确保没有重复的数，请像下图中那样，把所有重复的数划掉，只留下其中一个。

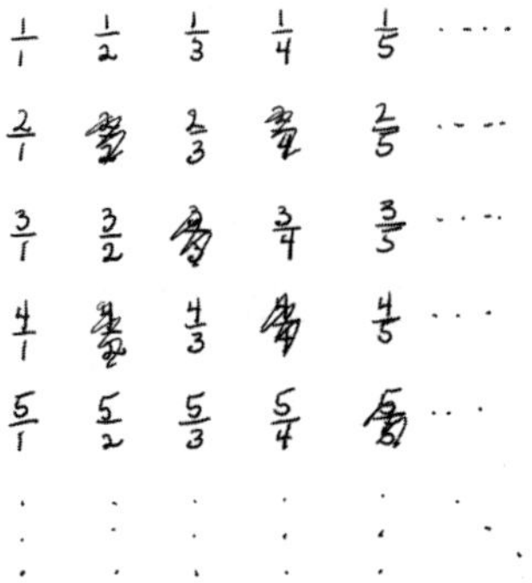

$\dfrac{1}{1}\quad\dfrac{1}{2}\quad\dfrac{1}{3}\quad\dfrac{1}{4}\quad\dfrac{1}{5}\cdots$

$\dfrac{2}{1}\quad\cancel{\dfrac{2}{2}}\quad\dfrac{2}{3}\quad\cancel{\dfrac{2}{4}}\quad\dfrac{2}{5}\cdots$

$\dfrac{3}{1}\quad\dfrac{3}{2}\quad\cancel{\dfrac{3}{3}}\quad\dfrac{3}{4}\quad\dfrac{3}{5}\cdots$

$\dfrac{4}{1}\quad\cancel{\dfrac{4}{2}}\quad\dfrac{4}{3}\quad\cancel{\dfrac{4}{4}}\quad\dfrac{4}{5}\cdots$

$\dfrac{5}{1}\quad\dfrac{5}{2}\quad\dfrac{5}{3}\quad\dfrac{5}{4}\quad\cancel{\dfrac{5}{5}}\cdots$

划掉所有重复的数。例如，因为

$\dfrac{1}{1}=\dfrac{2}{2}=\dfrac{3}{3}=\dfrac{4}{4}=\dfrac{5}{5}=\cdots$，你只需

要保留$\dfrac{1}{1}$

把重复的数划掉之后，你的列表如下图所示。

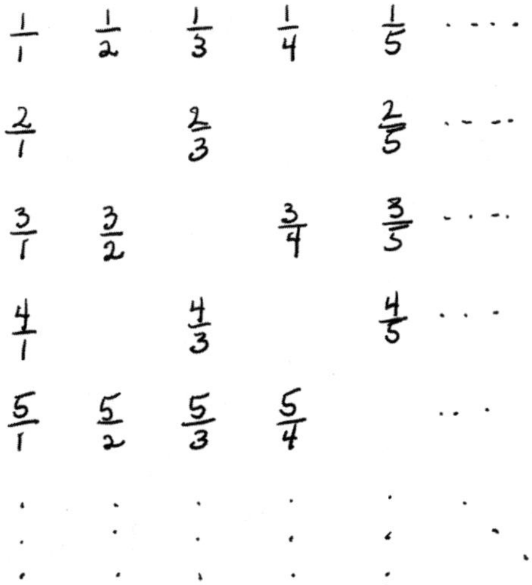

$\dfrac{1}{1}\qquad\dfrac{1}{2}\qquad\dfrac{1}{3}\qquad\dfrac{1}{4}\qquad\dfrac{1}{5}\cdots$

$\dfrac{2}{1}\qquad\qquad\dfrac{2}{3}\qquad\qquad\dfrac{2}{5}\cdots$

$\dfrac{3}{1}\qquad\dfrac{3}{2}\qquad\qquad\dfrac{3}{4}\qquad\dfrac{3}{5}\cdots$

$\dfrac{4}{1}\qquad\qquad\dfrac{4}{3}\qquad\qquad\dfrac{4}{5}\cdots$

$\dfrac{5}{1}\qquad\dfrac{5}{2}\qquad\dfrac{5}{3}\qquad\dfrac{5}{4}\qquad\cdots$

现在像下页图一样，在列表中画一条沿对角线来回蜿蜒的线。这样一来，这条线会穿过列表中每个未被重复的分数。接下来，再想象一下把这条线抻直，你就可以获得一个包含了所有不重复的分数的完整一维列表。

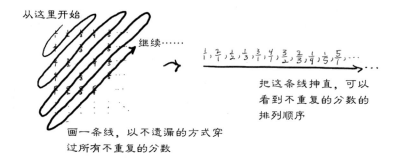

从这里开始

继续……

把这条线抻直，可以看到不重复的分数的排列顺序

画一条线，以不遗漏的方式穿过所有不重复的分数

现在，你可以试着找出无穷（但完整）的不重复分数列表与（非零）自然数无穷集合之间的一一对应关系了。

组织好的不重复分数列表：$\frac{1}{1}, \frac{2}{1}, \frac{1}{2}, \frac{1}{3}, \frac{3}{1}, \frac{4}{1}, \frac{3}{2}, \frac{2}{3}, \frac{1}{4}, \frac{1}{5}, \frac{5}{1}, \cdots$

自然数：$1, 2, 3, 4, 5, 6, 7, 8, 9, 10, 11, \cdots$

由于一一对应关系成立，分数集合一定也与自然数集合大小相同。也就是说，这两个集合都是最小的无穷集合：可数无穷。

说到这里，你一定开始怀疑，到底有没有比自然数集合大的无穷集合。也就是说，究竟存不存在与自然数集合没有一一对应关系的无穷集合？你已经看到了，自然数集合、偶数自然数集合、分数集合都是一样的无穷大：可数无穷。即使其中有些集合是另一些集合的子集，结果也是如此。要找到比可数无穷大的无穷，我们需要考虑一下实数。实数是数轴上所有数的集合，也就是说，实数集合不仅包括有理数，也包含了无理数，也就是无限不循环小数。比如，π（值为 3.141 59...）就是一个无理数。同样，φ[①]（值为 1.618 033...）也是一个无理数。还有，在金融计算中经常出现的数 e（值为 2.718 28...）同样是个无理数。同时，我们不要忘记数轴上所有未被命名的无限不循环小数。

---

① φ 代表黄金比例。想知道关于 φ 的知识，请参考第 31 章。

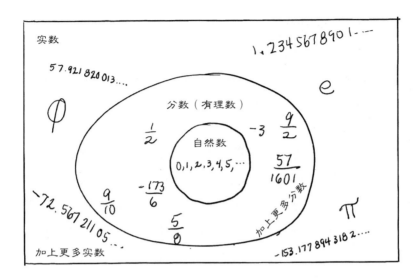

也许你会怀疑这些无理数是反常的，因为它们在日常生活中并不经常被提及。你不大可能在熟食店柜台前购买 φ 磅瑞士奶酪片，付了 e 美元的饭钱，甚至将派切成 π 块。但是，这些无理数绝非罕见，事实上，情况恰恰相反。你熟知的、喜爱的、每天都在使用的分数，比如 3、−10 和 $\frac{1}{2}$，可以用来数牛、记债或者切派，古怪而稀有，是数轴上难得一见的数。无理数的无穷集合要比有理数的无穷集合大得多。具体来说，无理数集合非常大，被称为不可数无穷集合。也就是说，任何想要在自然数集合和无理数集合之间找到一一对应关系的尝试都是徒劳。

你可以这样想：假设有人宣称他们找到了（非零）自然数与实数之间的一一对应关系。或许列表的开头是这样的。

自然数→实数

1 → 1.239 482 34...

2 → 94.923 849 76...

3 → −87.678 656 98...

4 → 2 340 777.000 309...

5 → −4.662 038 56...

6 → 0.562 312 22...

7 → 17.333 393 33...

$\vdots$

虽然这个列表中的规律并不清楚，但你可以告诉这个人，你知道一个绝对不在列表中的实数。如果他说"我不相信你"，你可以用这个列表来构造一个不在列表中的实数。你可以特意构建一个与列表中所有数都不同的数，具体来说，你可以保证这个新数与列表中的第一个、第二个、第三个数等都不相同。方法如下。

- 为新数的小数点后第一位选择一个数字，使其与列表中第一个实数的小数点后第一位不同。
- 为新数的小数点后第二位选择一个数字，使其与列表中第二个实数的小数点后第二位不同。
- 为新数的小数点后第三位选择一个数字，使其与列表中第三个实数的小数点后第三位不同。

这样继续下去。用之前的列表，你可以开始记录这个列表中一定没有的数。

自然数 →	实数					
1 →	1.239 482 34 ...	← 新数的小数点后第一位不能是				2
2 →	94.903 849 76 ...	←	"	"	第二位 "	2
3 →	−87.670 656 98 ...	←	"	"	第三位 "	8
4 →	2 340 777.000 309 ...	←	"	"	第四位 "	3
5 →	−4.662 038 56 ...	←	"	"	第五位 "	3
6 →	0.562 312 22 ...	←	"	"	第六位 "	2
7 →	17.333 393 33 ...	←	"	"	第七位 "	3
$\vdots$		$\vdots$	$\vdots$		$\vdots$	$\vdots$
↓		↓	↓		↓	↓
	继续下去					

或者，你也可以像下图中那样记录。

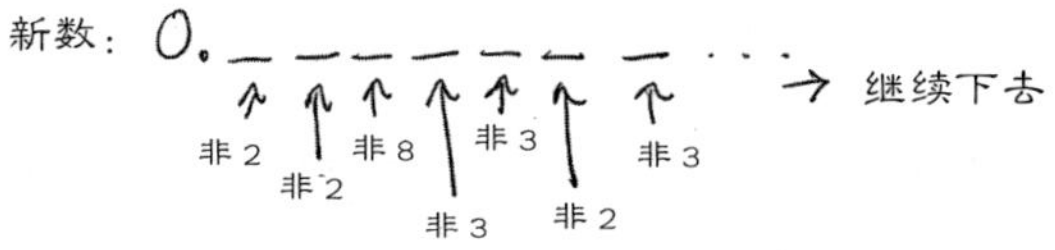

新数: $0._____\cdots$ → 继续下去

非 2　非 2　非 8　非 3　非 3

非 3　非 2

现在，你可以开始构建这个新数了。你有很多种选择。根据规则，你可以选择比你想要避免的数字大 1 的数字。也就是说，你可以按下图进行选择。

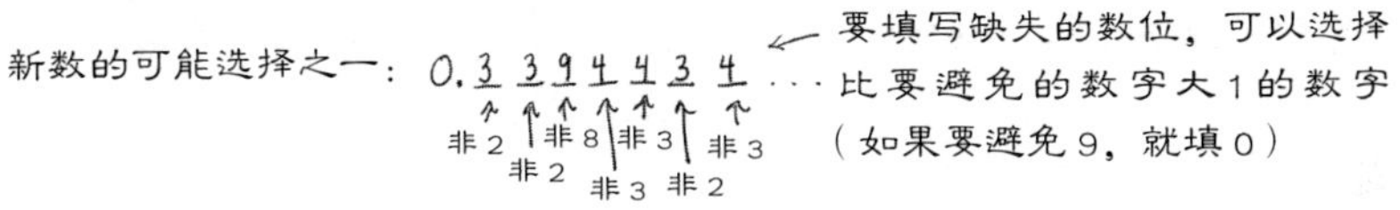

新数的可能选择之一: $0.3\ 3\ 9\ 4\ 4\ 3\ 4\cdots$

← 要填写缺失的数位，可以选择比要避免的数字大 1 的数字（如果要避免 9，就填 0）

非 2　非 8　非 3　非 3

非 3　非 2

也就是说，0.339 443 4… 这个数一定不在列表中，因为它的小数点后第一位与列表中第一个实数的小数点后第一位不同，小数点后第二位与列表中第二个实数的小数点后第二位不同，小数点后第三位与列表中第三个实数的小数点后第三位不同，等等。即使你将这个新数放到实数列表的开头，然后将其他的实数顺移一位，你也可以用同样的方法找到另一个列表中没有的数。事实上，你永远都可以找到一个不在列表中的实数，因为不可能产生一个完整的实数列表。（回想一下构建有理数列表的时候，你很确定所有有理数一定都在列表中。）因为无法产生一个完整的实数列表，所以实数集合与自然数集合之间不存在一一对应关系。因此，实数集合的无穷大比自然数集合的无穷大要更大。也就是说，自然数和分数的集合是可数无穷的，但实数集合是不可数无穷的。实数实在是太多了，即使数到时间尽头，也数不过来。

"玫瑰之所以为玫瑰，正因为她是玫瑰。"[①] 格特鲁德·斯泰因在她的诗歌《神圣的埃米莉》中如此写道，后来流行文化将这首诗简化为"玫瑰就是玫瑰"。

---

① 原文为 A rose is a rose is a rose。——译者注

这句话现在的意思是大多数事情都是表里如一的。但是有的时候，玫瑰并不是玫瑰。或者说，就像本章中讨论的那样，无穷不是无穷。换句话说，可数无穷与自然数牢牢挂钩，因此，可数无穷是一种较好处理的，甚至有些无聊、平凡的无穷。不可数无穷则完全不可估量，以至于任何将秩序强加于它的企图都是徒劳的。在数学和生活中，我们都要谨慎行事，免得把仅仅只是"大"的东西和"大得难以想象"的东西混为一谈。

第 46 题

自然数集合，与包含了自然数和负整数的整数集合一样大吗？

结束语

这是你数学旅程的结束、中间还是开始？

本书讲述了一系列数学课题，但是，还有更多的内容需要你自己去探索。比如超现实数、等价关系、赌徒谬误、菲尔兹奖、复分析、公钥密码学、勾股定理、化圆为方、回归分析、火腿三明治定理、集合论、《几何原本》、伽罗瓦理论与矩阵、曼德博集合与魔群、欧拉公式、帕斯卡三角、圆周率、庞加莱猜想与平行公设、球面外翻、群论、射影几何、时空几何、数学归纳法、四色定理、四元数、同构、图灵机、完全数、网格球顶、维恩图、线性代数、小波分析、突变论、真值表、置换群、中国余数理论、组合学，等等。这个列表永远不会结束。

如果你在数学中发现有效的经验，你也可以将它应用到生活中：从失败中站起来；多读书，多奋斗；花时间练习；坚持信念，讲话清晰、有条理；考虑不太可能的情况，快步前进；漫步，慢慢来，冒险；倾听意见，庆祝成功；设定目标，释放天性，适应漏洞，收拾残局；玩得开心，诚恳地提问，问很多问题；喜爱安静，习惯被卡住，向他人学习，寻找难题；用很多草稿，有耐心，有信念地辩论；在书桌前思考，在外面的世界中思考，暂停休息，自学，征服恐惧；等等。这个列表也永远不会结束。

虽然本书的篇幅有限，但关于数学的对话和对数学的坚持却是无限的。如果你已经在认真追求数学知识，就让这本书陪伴你的旅程吧。

接下来要怎么做？

如果你想继续为自己的生活注入更多的数学元素，就要充分利用课内或课外的资源。如果你还在上学，那么你既要学习必修的数学课，也可以考虑注册选修的数学课。在这两种课上，你会发现不同类型的学生。上课前要充分休息，通过提问来让自己融入课堂。按时做完作业，从而为下一节课做好准备。寻找课程内容最具挑战性和最有激情的老师。不论你觉得课程很难，还是你的成绩已经很好，课间和他们讨论一下这门课。与同学组成学习小组，这样在课外也可以进行讨论。你要明白，学校提供了一个珍贵而短暂的机会，让我们可以有针对性地在老师的带领下学习特定的课程。

在课外，图书馆也是一种很好的资源。浏览书架，或是请图书管理员推荐热门且历久不衰的数学书籍。或者你也可以访问美国数学协会网站的"新闻和公众宣传"专栏，看看有没有你感兴趣的主题，然后从图书馆中借几本新书。你附近的书店的数学和科学区也值得一看，你还可以浏览最喜欢的数学与科学书籍出版商的书录。多年来，我和女儿养成了12月初翻阅牛津大学出版社的数学和科学图书的传统。我们非常期待12月的圣诞假期，因为我们知道，那时会有一大堆可以让我们开阔眼界的图书，而它们的主题都是我们以前没有碰到过的。

你可以阅读报纸的科学版块，它们一般都会收录一些数学主题的文章。你也可以上网获取大量信息，RealClearScience网站每年都会发布一份最佳科学新闻网站的名单，其中包括数学新闻。最近的一份名单提供了一些我最喜欢的网站：Aeon、The Atlantic、Discover、Nature News、New Scientist、Quanta、Science Magazine、Science News、Scientific American、Smithsonian 和 STAT。这些科普新闻媒体将数学融入它们的科普报道中，而且也会发表数学新闻。你还可以在社交媒体上关注它们。最近，我很开心地从社交媒体上得知，大象会计数。

当你在影视剧中看到数学时，要调查它的准确性。好莱坞电影《美丽心灵》描写了诺贝尔经济学奖得主约翰·纳什的生平事迹，电影中却有一个突出但不正确的纳什均衡的例子①。电影《隐藏人物》描写的是黑人女数学家们作为计算员参与美国航空事业的事迹，该影片精彩而正确地描述了欧拉方法（剧组请了一位数学家担任影片顾问，这就毫不奇怪了）。影视作品甚至可能会提供问题给你解决，就像大热的情景喜剧《生活大爆炸》中的某集一样。这部喜剧的主角是一位物理学家，他宣称："最好的数字是 73。为什么呢？因为 73 是第 21 个质数。它的镜像 37 是第 12 个质数，12 是 21 的镜像。而 21 又等于 7 乘以 3……而且在二进制中，73 被表示为 1001001，是一个回文数，因为它的镜像同样是 1001001。"[56] 两位数学家在看过这集之后进行了研究，证明了 73 是具有那些镜像和回文数特质的唯一数字。他们的证明不仅被著名的学术杂志发表了，而且还在后续《生活大爆炸》某一集中出现在主角用来演算的白板上。

也不要忘记你附近的科教中心，因为它们中有很多会提供数学主题的展览和活动。热心的讲解员往往是信息的源泉。许多大学也经常欢迎公众参加数学和科学的讲座和展览。你可以订阅它们的邮件列表以获得活动通知。

还有，不要低估与你每天遇到的人进行偶然数学对话可以带来的好处。向杂货店店员询问高效的包装方法，向药店的医生与药剂师询问药在血液中的半衰期，向室内设计师询问图案的构成，向消防员询问燃烧率，向农民询问作物产量，向建筑师和建筑工人询问几何，向艺术家询问透视，向体育迷询问统计学。他们中的许多人多年来一直在工作领域中磨炼数学专业知识，他们可以教你。

最后要记得，数学现在和过去都不是以考试成绩、获得的学分或者取得的学位为主。但是，对于许多专业目标来说，证书虽不一定是必需的，却确实往往是有帮助的。然而，不要忘记培养自己对身边的数学的关注。不管在课内还是课外，只要努力尝试去理解了，你就应该感到自豪。从今天开始的每一天，选择从数学的角度观察生活吧，让我们一起唤醒心中的数学家。

---

① 纳什均衡详情请见第 29 章。

习题答案

第 1 题

哥德巴赫的主张就是今天著名的哥德巴赫猜想，它还没有被证明或证否。如果你开始研究这个问题，你就加入了数学家和数学爱好者的行列，他们正致力于理解质数的不可预测性（如蝉的生命周期），以及发掘质数仍未解开的秘密（如哥德巴赫猜想）。数学家已经证实，哥德巴赫猜想对所有大于等于 4、小于 2×10^{10} 的偶数都成立[①]。但是，他们仍然不能排除存在一个不能被写成两个质数之和的更大的偶数的可能性。要记住，不是每道数学题都有答案。数学中最吸引人的问题往往是那些还没有答案的问题。

第 2 题

这道题有好几种解法，选哪种取决于你想要的精确程度。

我们从一幅虚拟的图开始。我像下页图中那样得到了标出了每个学校的近似沃罗诺伊图。

---

① 截至 2014 年，数学家已经验证了对于 4×10^{18} 以内的偶数都成立。——译者注

我从一幅虚拟的图开始。这些点代表了每个学校的大概位置

在中间这一步，我在任意距离较近的两点之间一半的地方画上了短线段

然后，我眯着眼睛，把这些线连成了多边形。这只是一个粗糙的近似图，但我明白这背后的想法！

另一种得到近似图的解法也是多次迭代你的图。在第一次迭代时，你可以用圆规在样点（学校）周围画上小圆圈，且使圆圈之间不互相重合。在下一次迭代时，把圆规撑宽一点点，以画上更大一些的圆。像这样接着进行下去，每次都把圆规再撑宽一些。最后在某次迭代中，两个或者更多的圆会在一个点上相接。随着后续迭代中在这个点上相接的圆越来越大，这个点会开始获得长度，并转化成一条边境线。再这样接着画下去，每个圆会被转化成一个多边形。当然，你也可以写个程序，来画出你的学校对应的更为准确的沃罗诺伊图。网上有许多画得很漂亮的例子，但不要忽视画草图所带来的对沃罗诺伊图更深的理解。

第 3 题

上午 8 点之后，过了 n 分钟后的霉菌孢子数量为 2^n。霉菌孢子数量计算详见下页表格。要计算某时刻霉菌孢子数量与上午 9 点的霉菌孢子总数的比例，用以下的除式。

$$\frac{上午\,8\,点后过了\,n\,分钟后的霉菌孢子数量}{上午\,9\,点的霉菌孢子总数}$$

时间	计算霉菌孢子数量	霉菌孢子数量	占9点的霉菌孢子总数 1 150 000 000 000 000 000 的比例
8：00	2^0	1	小于1%
8：01	2^1	2	小于1%
8：02	2^2	4	小于1%
8：03	2^3	8	小于1%
8：04	2^4	16	小于1%
8：30	2^{30}	≈ 1 000 000 000	小于1%
8：45	2^{45}	≈ 35 000 000 000 000	小于1%
8：59	2^{59}	≈ 580 000 000 000 000 000	大约50%
9：00	2^{60}	≈ 1 150 000 000 000 000 000	100%

第 4 题

多票表决制投票下，A 会赢。

两轮决选制投票下，B 会赢。

排序复选制投票下，C 会赢。

波达计数法投票下，D 会赢。

投票选中的胜者取决于投票制度。

以下是各候选人以各种投票制度方式获胜的具体理由。

多票表决制： 候选人 A 获得了最多的第一选择票，因此赢得了多票表决制投票。

两轮决选制： 一共有 55 票，且没有人获得多于一半的票数。因此，进行第二轮投票。注意，获得最多的第一选择票的候选人为 A 和 B，因此，第二轮投票在 A 与 B 之间进行，但在第二轮投票之前必须重新分配没有将 A 与 B 列为第一选择的选票。

- 10 张选票上的候选人排名顺序为 C、B、E、D、A，在这里，候选人 B 的排名在候选人 A 的前面，因此，这 10 张选票被重新分配为支持 B 的选票。
- 9 张选票上的候选人排名顺序为 D、C、E、B、A，在这里，候选人 B 的排名在候选人 A 的前面，因此，这 9 张选票被重新分配为支持 B 的选票。
- 4 张选票上的候选人排名顺序为 E、B、D、C、A，在这里，候选人 B 的排名在候选人 A 的前面，因此，这 4 张选票被重新分配为支持 B 的选票。
- 2 张选票上的候选人排名顺序为 E、C、D、B、A，在这里，候选人 B 的排名在候选人 A 的前面，因此，这 2 张选票被重新分配为支持 B 的选票。

注意，在这个过程中，候选人 A 没有获得任何多余的选票，而候选人 B 在第二轮投票前额外获得了 10+9+4+2=25 张选票。

因此，最后的选举票数如下。

- 候选人 A：18 张第一轮票数 +0 张第二轮票数 = 共 18 张。
- 候选人 B：12 张第一轮票数 +25 张第二轮票数 = 共 37 张。

因此，候选人 B 获得了两轮决选制的胜利。

排序复选制：一共有 55 票，且没有人获得多于一半的票数。因此，需要进行排序复选制的第一轮复选。第一轮投票中的第一选择票型如下页表所示。

候 选 人	第一选择票数
A	18
B	12
C	10
D	9
E	4+2=6

由于获得票数最少，候选人 E 被淘汰了。所有将候选人 E 列为第一选择的选票必须将其剩下的候选人排名提升一位。因此，第二轮复选的票型如下。

候选人顺序（第一、第二、第三、第四）	票 数
（A、D、C、B）	18
（B、D、C、A）	12
（C、B、D、A）	10
（D、C、B、A）	9
（B、D、C、A）	4
（C、D、B、A）	2

在第二轮复选中，候选人 A 获得了 18 票，候选人 B 获得了 12+4=16 票，候选人 C 获得了 10+2=12 票，候选人 D 获得了 9 票。由于没有候选人所获票数多于一半，因此需要进行第三轮复选。在此轮复选中，候选人 D 因获得票数最少而被淘汰。所有将候选人 D 列为第一选择的选票必须将其剩下的候选人排名提升一位。因此，第三轮复选的票型如下页表所示。

候选人顺序（第一、第二、第三）	票　数
（A、C、B）	18
（B、C、A）	12
（C、B、A）	10
（C、B、A）	9
（B、C、A）	4
（C、B、A）	2

在第三轮复选中，候选人 A 获得了 18 票，候选人 B 获得了 12+4=16 票，候选人 C 获得了 10+9+2=21 票。由于没有候选人所获票数多于一半，因此需要进行第四轮复选。在此轮复选中，候选人 B 因获得票数最少而被淘汰。所有将候选人 B 列为第一选择的选票必须将其剩下的候选人排名提升一位。因此，第四轮复选的票型如下。

候选人顺序（第一、第二）	票　数
（A、C）	18
（C、A）	12
（C、A）	10
（C、A）	9
（C、A）	4
（C、A）	2

在第四轮复选中，候选人 A 获得了 18 票，而候选人 C 获得了 12+10+9+4+2=37 票。由于候选人 C 获得了多于一半的票数，候选人 C 获得了排序复选制的胜利。

波达计数法：在波达计数法中，每个候选人会根据排在他们后面的候选人人数获得一个分数。

- 共有 18 张票的候选人顺序为（A、D、E、C、B），有 4 个候选人排在候选人 A 的后面。

- 由于在这 18 张选票上，有 4 个候选人排在候选人 A 的后面，且在其他选票上没有人排在他 / 她后面，因此候选人 A 获得了 $18 \times 4 = 72$ 分。

- 在 12 张候选人顺序为（B、E、D、C、A）的选票上，有 4 个候选人排在候选人 B 的后面；在 10 张候选人顺序为（C、B、E、D、A）的选票上，有 3 个候选人排在他 / 她的后面；在 9 张候选人顺序为（D、C、E、B、A）的选票上，有 1 个候选人排在他 / 她的后面；在 4 张候选人顺序为（E、B、D、C、A）的选票上，有 3 个候选人排在他 / 她的后面；在 2 张候选人顺序为（E、C、D、B、A）的选票上，有 1 个候选人排在他 / 她的后面。因此，候选人 B 获得了 $(4 \times 12) + (3 \times 10) + (1 \times 9) + (3 \times 4) + (1 \times 2) = 101$ 分。

- 候选人 C 获得了 $(1 \times 18) + (1 \times 12) + (4 \times 10) + (3 \times 9) + (1 \times 4) + (3 \times 2) = 107$ 分。

- 候选人 D 获得了 $(3 \times 18) + (2 \times 12) + (1 \times 10) + (4 \times 9) + (2 \times 4) + (2 \times 2) = 136$ 分。

- 候选人 E 获得了 $(2 \times 18) + (3 \times 12) + (2 \times 10) + (2 \times 9) + (4 \times 4) + (4 \times 2) = 134$ 分。

因此，波达计数法的统计结果如下表所示。

候选人	A	B	C	D	E
波达计数法分数	72	101	107	136	134

因此，候选人 D 获得了波达计数法的胜利。

第 5 题

当你的桨向一个方向推水时，水会对桨施加一个大小相等而方向相反的反作用力，使船前进。

第 6 题

a. 十进制数 141 等于二进制数 10001101。

由于 256＞141，到这里就太大了

b. 二进制数 111100111 等于十进制数 487。

解法：
· 将已知的二进制数放在标有十进制 2 的幂次方的灯泡下面
· 把下方为 0 的灯泡涂黑
· 把下方为 1 的灯泡上的数值相加：256+128+64+32+4+2+1=487

第 7 题

要回答这个问题，你必须首先确定在整个数据集中，每一个数字作为第一位出现的概率。例如，在数据集包含的 78 304 个用户中，数字 1 作为第一位数字出现了 25 892 次。你可以将两数相除得到百分比：

$$\frac{25\ 892}{78\ 304} \approx 0.331 = 33.1\%$$

下表中列出了其余数字作为第一位出现的百分比，以及根据本福特定律得到的预期百分比。

第一位数字	根据本福特定律得出的预期百分比	给定数据集得出的百分比（四舍五入后）
1	30.1%	33.1%
2	17.6%	17.5%
3	12.5%	12.5%
4	9.7%	9.5%
5	7.9%	7.5%
6	6.7%	6.5%
7	5.8%	5%
8	5.1%	4.5%
9	4.6%	4%

由于根据数据集得出的百分比与预期百分比很接近，你可以说"粉丝"数量的第一位数字是本福特定律的一个例证。

第 8 题

年份	鼠群 A 数量	备 注	鼠群 B 数量	备 注
0	20	这 20 只老鼠将在第 2 年末死亡	22	这 22 只老鼠将在第 2 年末死亡
1	20+20 =40	第 0 年的鼠群数量翻倍了。今年没有老鼠死亡。今年出生的 20 只老鼠将在第 3 年末死亡	22+22 =44	第 0 年的鼠群数量翻倍了。今年没有老鼠死亡。今年出生的 22 只老鼠将在第 3 年末死亡
2	40+40 =80	第 1 年的鼠群数量翻倍	44+44 =88	第 1 年的鼠群数量翻倍
2	80−20 =60	第 0 年出生的 20 只老鼠死亡。今年出生的 40 只老鼠将在第 4 年末死亡	88−22 =66	第 0 年出生的 22 只老鼠死亡。今年出生的 44 只老鼠将在第 4 年末死亡
3	60+60 =120	第 2 年的鼠群数量翻倍	66+66 =132	第 2 年的鼠群数量翻倍
3	120−20 =100	第 1 年出生的 20 只老鼠死亡。今年出生的 60 只老鼠将在第 5 年末死亡	132−22 =110	第 1 年出生的 22 只老鼠死亡。今年出生的 66 只老鼠将在第 5 年末死亡
4	100+100 =200	第 3 年的鼠群数量翻倍	110+110 =220	第 3 年的鼠群数量翻倍
4	200−40 =160	第 2 年出生的 40 只老鼠死亡。今年出生的 100 只老鼠将在第 6 年末死亡	220−44 =176	第 2 年出生的 44 只老鼠死亡。今年出生的 110 只老鼠将在第 6 年末死亡
5	160+160 =320	第 4 年的鼠群数量翻倍	176+176 =352	第 4 年的鼠群数量翻倍

（续）

年份	鼠群 A 数量	备 注	鼠群 B 数量	备 注
5	320−60 =260	第 3 年出生的 60 只老鼠死亡。今年出生的 160 只老鼠将在第 7 年末死亡	352−66 =286	第 3 年出生的 66 只老鼠死亡。今年出生的 176 只老鼠将在第 7 年末死亡
6	260+260 =520	第 5 年的鼠群数量翻倍	286+286 =572	第 5 年的鼠群数量翻倍
	520−100 =420	第 4 年出生的 100 只老鼠死亡。今年出生的 260 只老鼠将在第 8 年末死亡	572−110 =462	第 4 年出生的 110 只老鼠死亡。今年出生的 286 只老鼠将在第 8 年末死亡
7	420+420 =840	第 6 年的鼠群数量翻倍	462+462 =924	第 6 年的鼠群数量翻倍
	840−160 =680	第 5 年出生的 160 只老鼠死亡。今年出生的 420 只老鼠将在第 9 年末死亡	924−176 =748	第 5 年出生的 176 只老鼠死亡。今年出生的 462 只老鼠将在第 9 年末死亡
8	680+680 =1360	第 7 年的鼠群数量翻倍	748+748 =1496	第 7 年的鼠群数量翻倍
	1360−260 =1100	第 6 年出生的 260 只老鼠死亡。今年出生的 680 只老鼠将在第 10 年末死亡	1496−286 =1210	第 6 年出生的 286 只老鼠死亡。今年出生的 748 只老鼠将在第 10 年末死亡
9	1100+1100 =2200	第 8 年的鼠群数量翻倍	1210+1210 =2420	第 8 年的鼠群数量翻倍
	2200−420 =1780	第 7 年出生的 420 只老鼠死亡。今年出生的 1100 只老鼠将在第 11 年末死亡	2420−462 =1958	第 7 年出生的 462 只老鼠死亡。今年出生的 1210 只老鼠将在第 11 年末死亡
10	1780+1780 =3560	第 9 年的鼠群数量翻倍	1958+1958 =3916	第 9 年的鼠群数量翻倍

（续）

年份	鼠群 A 数量	备　　注	鼠群 B 数量	备　　注
10	3560-680 =2880	第 8 年出生的 680 只老鼠死亡。今年 出生的 1780 只老鼠 将在第 12 年末死亡	3916-748 =3168	第 8 年出生的 748 只老鼠死亡。今年 出生的 1958 只老鼠 将在第 12 年末死亡
第 10 年 末总数	鼠群 A 有 2880 只老鼠		鼠群 B 有 3168 只老鼠	

第 9 题

这个思想实验没有正确答案。如果你在日常活动中花了时间来持续享受数学思考的乐趣，那么你就已经成功解答了这个问题。

第 10 题

A、B、C、D 和 E 之间的道路图是连通的，因此满足了找到理想路径的必要条件。每个顶点的边数如下。

- A：2 条边
- B：4 条边
- C：4 条边
- D：4 条边
- E：4 条边

由于图是连通图，且所有顶点都有偶数条边，你可以确信这个图有一条欧拉回路。也就是说，一定可以找到这样一条路径，能在不走回头路的情况下依次通过 A、B、C、D 和 E。

第 11 题

a. 这个结的交叉指数为 0，因此与平凡结等价。

b. 这个结的交叉指数为 3，因此与三叶结等价。

第 12 题

a. 是。

b. 北。

c. 蒙得维的亚要比拉合尔离哈博罗内更近。

第 13 题

雏菊花心中有 21 条顺时针螺旋和 34 条逆时针螺旋，这两个数是相邻的斐波那契数。

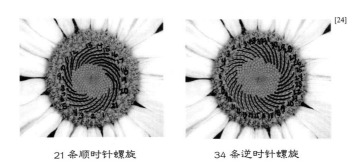

[24]

21 条顺时针螺旋　　　　　　34 条逆时针螺旋

附加题：你的菠萝上顺时针螺旋和逆时针螺旋的数量也应该是斐波那契数。

第 14 题

你可以根据图中标注的 40 英尺或 110 英尺的实际距离来得到整张图的比例

尺。首先，确定一个矩形可以提供的下限与上限是否会给出一个小于等于 300 平方英尺的误差。

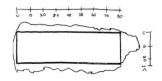 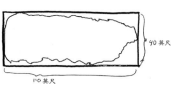

单个矩形下限为 80×25=2000 平方英尺　　　　上限为 110×40=4400 平方英尺

要计算 4400 平方英尺这个上限与 2000 平方英尺这个下限的平均值，将两个数字相加并除以 2：$\dfrac{4400+2000}{2}=3200$ 平方英尺。也就是说，该池塘的实际面积范围是 3200±1200 平方英尺。换句话说，这次尝试给出的误差是 1200 平方英尺，而非需要的 300 平方英尺。

在你的第二次尝试中，你可能会使用更多的矩形来降低误差。比如，你可以试试用 10 英尺宽的矩形来计算。

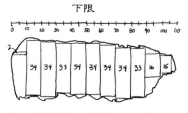 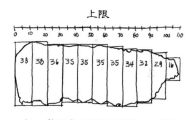

11 个 10 英尺宽的矩形总宽为 110 英尺→图中每个矩形的宽都为 10 英尺　　　11 个 10 英尺宽的矩形总宽为 110 英尺→图中每个矩形的宽都为 10 英尺

每个矩形的长度各不相同。每个矩形上标注的数字都是根据比例得到的该矩形的长度　　　每个矩形的长度各不相同。每个矩形上标注的数字都是根据比例得到的该矩形的长度

3030 平方英尺　　　　　　　　　　　　　　3630 平方英尺

要计算 3630 平方英尺这个上限与 3030 平方英尺这个下限的平均值，将两个数字相加并除以 2：$\frac{3630+3030}{2}=3330$ 平方英尺。也就是说，用这个方法最后得出的实际面积范围是 3330±300 平方英尺。换句话说，这次尝试给出的误差是 300 平方英尺，正好与要求的误差相同，解题结束。

第 15 题

解决此题的诀窍在于要认识到，无论在欧几里得几何中还是球面上的非欧几何中，四边形都是由两个三角形组成的，五边形是由三个三角形组成的，六边形是由四个三角形组成的。

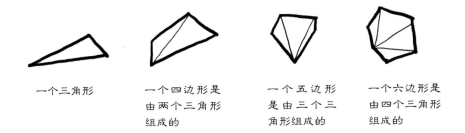

一个三角形　　一个四边形是由两个三角形组成的　　一个五边形是由三个三角形组成的　　一个六边形是由四个三角形组成的

在欧几里得几何中，每次往三角形上加一条边，得到的形状内角和就要加上 180°。在非欧几何中，其内角和要增加 180°以上。因此，在球面上的非欧几何中，四边形、五边形与六边形的内角和分别为"大于 360°""大于 540°"和"大于 720°"。

第 16 题

世界上共有大约 200 个国家 / 地区，每个国家 / 地区应该都有一个最高领导人。历史上没有一个人活到了 150 岁。想象一下，在你面前共有 150 扇门（像"鸽笼"一样），每扇门都代表了一位最高领导人可能的年龄。然后想象每位最高领导人都进入了与他们的年龄对应的门里。由于最高领导人的数量比门的数量要多，因此至少有一扇门内有两位最高领导人。这两位最高领导人的年龄相同。

第 17 题

下面的草图分别绘制了在正方形内填充 3、4、5、6、7、8 及 9 枚硬币的最优方式[57]。

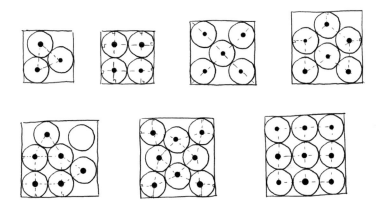

虚线表示圆心的相对位置。虚线组成的三角形都是等边三角形。虚线组成的四边形实际上确实是正方形。直角都被标出来了。若是一个圆内没有标出圆心，表示它在规定的空间内有多种放置方式。

第 18 题

a. 想要追上坏人 1 号，詹姆斯·邦德可以想办法降低他自身受到的空气阻力。也就是说，他可以不采取传统的伞兵伸手伸脚的 X 形，而是采取"跳水"的姿势，将双臂与双腿都并拢，就像一个人要跳进游泳池时的姿势一样。这样的话，假设坏人 1 号采取了传统的 X 形姿势，邦德就可以朝下"跳水"追上他了。

b. 当邦德打开降落伞以避开坏人 2 号那一咬时，他减慢了下降的速度，但并没有往上升。在电影中，摄影机的视角依然固定在已达到极限速度并坠落的坏人 2 号身上。当邦德打开降落伞时，他的速度变缓，因此从摄像机的角度来看，他像是往上升，离开了固定在坏人 2 号身上的摄像机的视线范围。

第 19 题

注意，此题的答案可能因为你当地的水果品种而有所不同。以下是用我所在地区的水果得到的答案。

球体：我没能找到任何一个形状为完美球体的水果。

扁球体：某些南瓜、橘子。

长椭球体：某些南瓜、葡萄、西瓜、香瓜、百香果。

以上皆非：梨、香蕉、草莓、牛油果。

第 20 题

在本章中，你遇到了以下两个四面体，证明了底与高相等的两个四面体的体积不一定相同。

四面体 1 的顶点坐标：$(0,0,0)$、$(1,0,0)$、$(0,1,0)$、$(0,0,1)$。

四面体 2 的顶点坐标：$(0,0,0)$、$(1,0,0)$、$(0,1,0)$、$(0,1,1)$。

这个例子为满足所需条件的成对四面体的无穷集合提供了模板。比如，下页中的两个四面体的底与高也相同，但体积不相同。

四面体 1 的顶点坐标: (0,0,0)、(2,0,0)、(0,2,0)、(0,0,2)。

四面体 2 的顶点坐标: (0,0,0)、(2,0,0)、(0,2,0)、(0,2,2)。

第 21 题

比 1000 小的质数数位质数: 2、3、5、7、23、37、53、73、223、227、233、257、271、277、307、337、353、373、503、521、523、557、577、727、733、757 和 773。

比 1000 小的环状质数: 2、3、5、7、11、13、17、37、79、113、197、199 和 337。

比 1000 小的回文质数: 2、3、5、7、11、101、131、151、181、191、313、353、373、383、727、757、787、797、919 和 929。

比 1000 小的四元质数: 11、101 和 181。

第 22 题

本章中提到的玩具牛可以通过拉伸或收缩被捏成一个甜甜圈的形状。由于玩具牛中存在着像甜甜圈中心一样的洞,意味着这头牛在拓扑学上不等于球,因此,毛球定理在这里不能适用。稍加研究你就会发现,甜甜圈的形状上的毛是可以梳平的。因此,题中给出的牛没有那一根"梳不平的乱毛"(cowlick)。

第 23 题

考拉兹猜想还没有被证实,也没有被证伪(如果你成功得出了证明,或找到了反例,请与你所在国家最大的专业数学机构联系,比如美国的美国数学学会)。但是,研究考拉兹猜想的目标并不仅限于证明或证伪它。当你在研究考拉兹猜想时，你有没有发现数的其他特性？如果有，请写出你的相关猜想，随后提供一个支持它的论据。

第 24 题

a. 这种壁纸图案在水平、垂直和对角线上都存在着自相似性。若将这款壁纸绕着其中一条看起来像躺下的"S"的藤蔓中心旋转 180°，你会发现壁纸在这样的旋转下也存在着自相似性。

b. 这种壁纸图案在水平、垂直和对角线上都存在着自相似性。若以一条穿过一列小圆的垂直线为轴，这款壁纸以此轴反射也存在自相似性。

c. 这款壁纸在围绕图案中的一个星状图形中心点旋转的情况下是自相似的。由于一个圆有 360°，而一个星状图形有 6 个顶点，能达到自相似的旋转角度应为 360°÷6＝60° 的倍数。也就是说，这款壁纸在围绕一个星状图形中心点旋转 60°、120°、180°、240° 或 360° 的情况下是自相似的。

d. 这款壁纸在围绕图案中心点旋转 90°、180° 或 270° 的情况下是自相似的。

第 25 题

让 $x=99.999\ldots$。如果你将等式两边同时除以 100，等式仍然成立。因此

$$\frac{x}{100}=\frac{99.999\ldots}{100}=0.999\ldots$$

如果用原来的等式 $x=99.999\ldots$ 减去新等式 $\frac{x}{100}=0.999\ldots$，你会得到

$$x-\frac{x}{100}=99.999\ldots-0.999\ldots$$

如果你将上一个等式中两边的减法都实际算一下，你会得到

$$\frac{99}{100}x = 99$$

如果你将上一个等式两边都乘以 100，等式仍然成立。因此

$$99x = 9900$$

如果你将上一个等式两边都除以 99，等式仍然成立。因此

$$x = 100$$

但你开始时就知道 $x = 99.999...$，因此，$99.999... = 100$。

第 26 题

起始点到三条边的垂直线段长度之和是不相等的。可以看一下下页图中夸张的又高又窄的三角形例子。在其中一个三角形中，把一个点放在靠近顶点的地方。在同一个三角形的另一张草图中，把一个点放在靠近底边的地方。然后，在这两个三角形中，从放置的点到三角形的边画上三条垂线。然后，再分别将这三条垂线的长度相加得到总和。如下页的草图所示的一个反例就足以证明维维亚尼定理不能被推广到所有的非等边三角形。

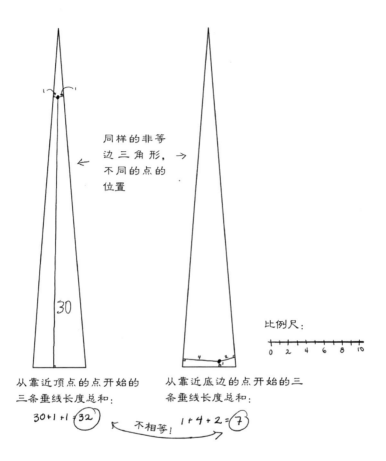

同样的非等边三角形，不同的点的位置

比例尺：

0 2 4 6 8 10

从靠近顶点的点开始的三条垂线长度总和：

30+1+1=32

不相等！

从靠近底边的点开始的三条垂线长度总和：

1+4+2=7

第 27 题

当你沿着中线剪开环形带时，你会得到两条纸环，每条纸环都有两条边、两个面。

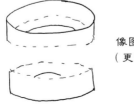

像图中那样剪开你的环形带，会得到两条（更窄的）纸环

当你沿着中线剪开你的莫比乌斯带时，你会得到一条有两条边与两个面的纸带。注意，你得到的纸带既不是普通的纸环，也不是莫比乌斯带。最后得到的纸带是被扭过两次的，不像被扭过一次的莫比乌斯带，也不像没有被扭过的普通纸环。

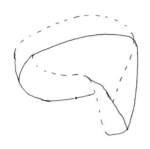

像图中那样剪开你的莫比乌斯带，你会得到一条（更窄的）被扭过两次（而非一次或零次）的纸带

第 28 题

是的，有无穷多的非质数。有多种方法可以证明这一点。例如，考虑一下比 5 大的 5 的倍数的无穷集：

$$\{10, 15, 20, 25, 30, 35, 40, 45, 50, 55, \cdots\}$$

这就是一个无穷的集合了，且其中包含的数都是 5 的倍数，所以这个集合中没有质数。因此，有无穷多的非质数。

第 29 题

这些信息可以用下页表格来总结。

当两个国家不合作时：如果其中一个国家使用了核武器，那么在该轮中这个国家胜出。但是，在该国使用核武器之后，可以确定的是另一个国家在下一轮中一定会使用核武器对付它，使它在下一轮中成为输家。因此，这会导致危情不断升级，直到两国经历多轮失利。因为每个国家能输掉的轮次有限，这两个国家最终都会走向（最佳）部分毁灭或是（最差）全部毁灭。

当两个国家合作时：两个国家达成协议，都不会第一个使用核武器。这样的话，它们就不会开始一系列危情不断升级的回合，由此最终走向部分毁灭或是全部毁灭。当它们选择合作时，这两个国家都不会选择使用核武器，所以它们最终都是赢家。

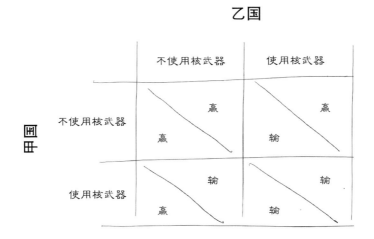

第 30 题

此题中的第一条曲线是简单且闭合的，若尔当曲线定理在此处适用。由于从鸭子到曲线外部的一点的直线与曲线相交次数为偶数，因此鸭子在曲线的外面。注意，相交的次数可能会因画直线的位置而不同。例如，一条直线可能与曲线相交两次，而另一条直线可能与曲线相交 14 次（如下页图所示）。

第二条曲线虽然闭合，但它与自身相交，所以并非简单曲线。由于若尔当曲线定理只适用于简单闭合曲线，因此对这条曲线并不适用。

第 31 题

　　在给定一个黄金三角形（无论大小）的情况下，你总可以通过二分其中一个 72° 角来得到一个新的更小的黄金三角形。每次用这个方法创造一个新的黄金三角形后，你可以继续使用同样的方法来造出更小的新黄金三角形。若想要找到一条螺旋曲线，从最大的黄金三角形的顶点开始，画一条弧线连接到下一个通过二分角度创造的小黄金三角形的顶点上，依次连接每个更小的黄金三角形的顶点即可。

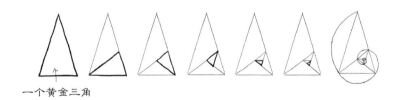

一个黄金三角

第 32 题

　　这个和增长下去是没有极限的。注意，该序列中的每一项都大于等于 $\frac{1}{2}$。

因此，

$$\frac{1}{2}+\frac{2}{3}+\frac{3}{4}+\frac{4}{5}+\frac{5}{6}+\frac{6}{7}+\cdots > \frac{1}{2}+\frac{1}{2}+\frac{1}{2}+\frac{1}{2}+\frac{1}{2}+\frac{1}{2}+\cdots$$

$$右=\left(\frac{1}{2}+\frac{1}{2}\right)+\left(\frac{1}{2}+\frac{1}{2}\right)+\left(\frac{1}{2}+\frac{1}{2}\right)+\cdots$$

$$=1+1+1+\cdots$$

第 33 题

如下图所示，立方体的对偶为正八面体。

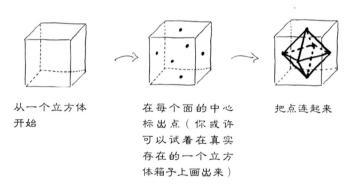

从一个立方体
开始

在每个面的中心
标出点（你或许
可以试着在真实
存在的一个立方
体箱子上画出来）

把点连起来

而且，正八面体的对偶是立方体。正十二面体与正二十面体互为对偶。本
章中已经提过，正四面体与自身对偶。因此，每个柏拉图立体的对偶也都是柏
拉图立体。

第 34 题

a. 要解答这个问题，我们需要确定校验码（第 13 位数字）是否正确。首
先计算：

$$9+3\times7+8+3\times0+2+3\times9+8+3\times8+4+3\times3+6+3\times9$$
$$=9+21+8+0+2+27+8+24+4+9+6+27$$
$$=145$$

现在将 145 除以 10，然后把结果表示成商加上余数：

$$\frac{145}{10}=14\cdots\cdots5$$

然后再用 10 减去余数：

$$10-5=5$$

最后得到的结果就应当是 ISBN 的第 13 位数字，即校验码。但是，ISBN 的第 13 位数字是 7，不是 5。因此，书店可以发现读者抄写 ISBN 时犯了错误。

b. 要解答这个问题，我们需要确定校验码（第 13 位数字）是否正确。首先计算：

$$9+3\times7+8+3\times0+0+3\times9+8+3\times8+4+3\times3+6+3\times9$$
$$=9+21+8+0+0+27+8+24+4+9+6+27$$
$$=143$$

现在将 143 除以 10，然后把结果表示成商加上余数：

$$\frac{143}{10}=14\cdots\cdots3$$

然后再用 10 减去余数：

$$10-3=7$$

最后的结果 7 应该是 ISBN 的第 13 位数字，即校验码，而且 ISBN 的第 13 位数字确实是 7。因此，书店不能发现读者抄写 ISBN 时犯了错误。这个例子表明，尽管 ISBN 是一种可以发现自身错误的编码，但是它并不能发现所有可能发生的错误。这个例子中的两个小错误被人为故意设计成可以互相抵消。换句话说，发生错误的那两位数字在计算校验码时都没有被乘以 3。而且，第 5 位上错误的数字比正确的数字小 1，而第 11 位上错误的数字比正确的数字大 1。因此，在计算校验码需要的总和时，整体的和与 ISBN 原先正确的和一样，仍为 143。ISBN 确实可以较好地发现错误，但它还是会漏掉其中一些。

c. 第 34 题 a 表明 ISBN 是一种可以发现自身错误的代码。第 34 题 b 表明 ISBN 不能发现所有可能发生的错误。

d. ISBN 不是一种可以纠正自身错误的编码。也就是说，如果编码传输中发生了错误，不存在一套可以恢复原始（正确）ISBN 编码的操作。

第 35 题

你可以试着画一张与本章中不同的草图——这次你可以不画点，但用数字代替。这张草图的关键在于箭头匹配的一对数加起来都是同一个数。

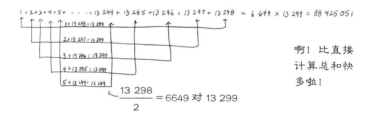

根据你的草图，你可以将高斯的方法概括为计算前 n 个正整数之和的公式：

$$1+2+3+\cdots+n=\frac{1}{2}n\times(n+1)$$

第 36 题

首先，你需要找到一个可以测量水有多脏的标准。浊度的单位为 NTU

（nephelometric turbidity unit），测量的是水中由比如灰尘的悬浮物质造成的混浊程度。世界卫生组织规定，饮用水的混浊程度不能超过 5NTU。如果你希望你的洗衣机只有在水足够安全到可以饮用的时候才停止洗衣服，你可以将你的设计模糊化成以下的连续函数。

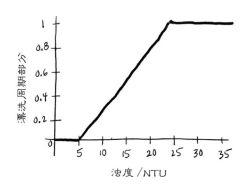

也就是说，你可以设计程序，让你的洗衣机根据以下的模糊逻辑控制系统来进行漂洗周期的循环：洗衣服、漂洗、检查水的浊度。

当一轮漂洗周期结束时，若水的浊度大于等于 25NTU，那么洗衣机应该再运行一次完整的漂洗周期。

当一轮漂洗周期结束时，若水的浊度在 5 与 25NTU 之间，那么洗衣机可以根据以上图中的函数来运行部分（时间）的漂洗周期。

当一轮漂洗周期结束时，若水的浊度小于 5NTU，那么表明衣服已经洗干净了，洗衣机可以停止运转了。

第 37 题

海洋是有边界的，但海洋中也有可以被看作"洞"的小块陆地。因此，布劳威尔不动点定理对于鱼"搅动"海洋的情境并不适用。在鱼游动之后，不动点在海洋中可能存在，也可能不存在。

第 38 题

题中所提供的信息可以总结为下表。

	死于前列腺癌的男性（占男性总人口 3%）	不会死于前列腺癌的男性（占男性总人口 97%）
PSA 检测结果升高	80%	75%
PSA 检测结果正常	20%	25%

你可以参考一个具体的男性人群人数。例如，若是应用到 1000 名男性中，这张表格如下所示。

	死于前列腺癌的男性（占男性总人口 3%）	不会死于前列腺癌的男性（占男性总人口 97%）
PSA 检测结果升高	24 人	727.5 人
PSA 检测结果正常	6 人	242.5 人

现在，我们假设有一位男性存在于 PSA 检测结果升高那一行中。这一行包括了 24 位会死于前列腺癌的男性，以及 727.5 位不会死于前列腺癌的男性（尽管他们的检测结果也是升高的）。若要得知这位假想男性的风险水平，我们要回答这个问题：在所有 PSA 检测结果升高的男性中，有多少人会因为前列腺癌去世？将这两个数相除：

$$\frac{PSA检测结果升高且最终会死于前列腺癌的男性人数}{PSA检测结果升高的男性人数}$$

现在把具体数值代进去：

$$\frac{24}{24+727.5} = \frac{24}{751.5} \approx 3.2\%$$

由于这位男性的 PSA 检测结果为升高，因此这位男性最终死于前列腺癌的概率由 3% 提高到了 3.2%。

第 39 题

这个问题有很多种答案。你选择的两个复数中的虚部应该拥有同样的绝对值，但拥有不同的正负符号。以下是一些可能的答案：

$$(2+3i)+(4-3i) = 6+0i = 6$$
$$(-7+8i)+(-7-8i) = -14+0i = -14$$

对于"你的例子引发了怎样的思考"这个问题，没有错误的答案。对我来说，知道两个**虚**构的想法可以结合成一个真**实**的想法让我感到很开心。也许，这为我最终实现梦想提供了一个隐喻或秘诀。

第 40 题

你可以设计出很多种不同的规则来造成带有偏向性的随机游走，以增加你最后到达花园的可能性。以下是一个例子：

- 如果硬币掷出了反面，朝左走一步；
- 如果硬币掷出了正面，朝右走两步。

反复掷硬币，直到你最后到达怪兽的洞穴或是漂亮的花园。

第 41 题

由于爱因斯坦的能量公式的单位是焦耳，我们若是把 10 亿 MMBtu 换算成焦耳会很有帮助。

$$10 \text{ 亿 MMBtu} = 1\,000\,000\,000\text{MMBtu}$$
$$= (1\,000\,000\,000) \times (1\,000\,000)\text{Btu}$$
$$= 1\,000\,000\,000\,000\,000\text{Btu}$$
$$= 10^{15}\text{Btu}$$

↳ 纽约市消耗的能源总量

由于 1Btu=1.06 焦耳，纽约市消耗的能源总量为 1.06×10^{15} 焦耳

因此，纽约市在 7 月的能源消耗总量为 1.06×10^{15} 焦耳。

现在假设这本书重 1 磅，那么这本书包含了多少能量呢？首先，计算它的质量，然后将质量代入爱因斯坦的公式里。

重 1 磅的书的质量：$\dfrac{1\text{磅}}{2.21\text{千克}} \approx 0.452\text{千克}$ ①

因此，一本 1 磅的书包含的能量为：

$$E = mc^2$$
$$= \left[(0.452) \times (299\,792\,458)^2\right] \text{焦耳}$$
$$\approx \left[(0.452) \times (89\,875\,517\,870\,000\,000)\right] \text{焦耳}$$
$$\approx 40\,623\,734\,080\,000\,000 \text{焦耳}$$

约等于 4.1×10^{16} 焦耳

因此，这本书包含的能量为 4.1×10^{16} 焦耳。因为 $1.06 \times 10^{15} < 4.1 \times 10^{16}$，所以这本书包含的能量比纽约市在 7 月消耗的能量要多。

你可能会觉得惊讶：像你手中的这一本书都蕴含了如此多的能量。事实上爱因斯坦当时也很惊讶。他甚至给当时美国的总统罗斯福写了一封信来警告他关于原子弹的威力：原子弹通过分裂一个原子来产生难以想象的巨大力量。一本书里有很多很多原子。如果一本书里的所有原子都像一颗原子弹中那样被分

---

① 原书如此，1 磅实际约等于 0.4536 千克。——译者注

裂，那么所产生的力量将具有更加难以想象的破坏力。纽约市在一个月中所消耗的能量已经很可观了，但远远比不上多颗原子弹可以产生的能量。

第 42 题

所有传统的井字棋中的赢招在克莱因瓶上的井字棋中也同样是赢招。在克莱因瓶上的井字棋中，竖直方向上没有新的赢招。但是，在水平方向上与对角线方向上，克莱因瓶上的井字棋中增加了传统棋局中没有的赢招。

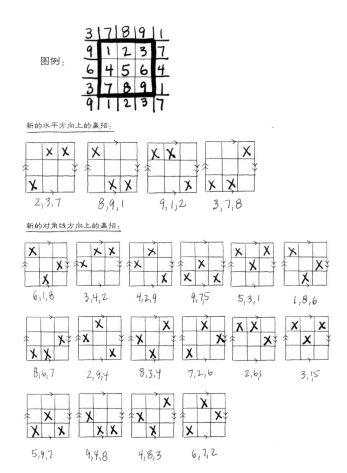

第 43 题

是的，不论如何拖动原立方体的复制品，你最后总会得到以八个立方体为面的超立方体。

原立方体仍在那里

被拖动的立方体复制品也在那里

两个立方体的前面组成了新的立方体

两个立方体的右面组成了新的立方体

两个立方体的背后组成了新的立方体

两个立方体的左面组成了新的立方体

两个立方体的底面组成了新的立方体

两个立方体的顶面组成了新的立方体

第 44 题

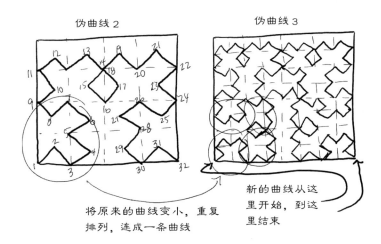

第 45 题

要回答这个问题，你首先要确定一共需要多少个谢尔宾斯基三角形才能组成一个较大的与原来的谢尔宾斯基三角形相似的三角形。

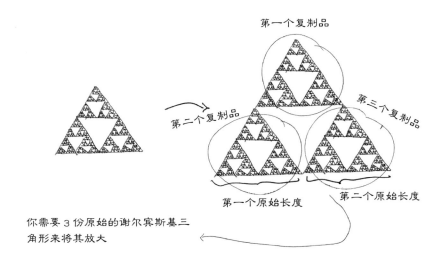

你需要 3 份原始的谢尔宾斯基三角形来将其放大。在之前的例子中，你知道：S^d = 制造一个更大的自相似的版本所需要的原始版本个数，这里 S 是比例系数，而 d 则是这个物体（可以是我们熟悉的现实物体，比如箱子，也可以是一个陌生的物体，比如科赫曲线）的未知维度。在谢尔宾斯基三角形这个例子中，比例系数为 2，制造一个更大的自相似的版本所需的原始版本个数为 3。因此，你需要求解这个方程：

$$2^n = 3$$

有一种方法可以解开这个方程（这种方法叫作对数），但由于这里你只需要一个近似值，你可以用一种更简单的方法。n 能等于 1 吗？不能，因为 $2^1 = 2$，比 3 小。n 能等于 2 吗？不能，因为 $2^2 = 4$，比 3 大。所以，n 一定在 1 与 2 之间。下表中的选择可供考虑。

如果 n 是……	那么 2^n 就是……
1.1	2.14…
1.2	2.29…
1.3	2.46…
1.4	2.63…
1.5	2.82…
1.6	3.03…

啊哈！看一下 1.6 那一行。当 $n = 1.6$ 时，你看到 $2^n \approx 3.03$。这已经是一个相当不错的近似值了！因此，谢宾尔斯基三角形的分数维约为 1.6。

第 46 题

自然数集合与包括了自然数和负整数的集合大小相同，因为这两个集合之间存在着一一对应关系。下页中有一个例子：

自然数→自然数与负整数

$0 \to 0$

$1 \to -1$

$2 \to 1$

$3 \to -2$

$4 \to 2$

$5 \to -3$

$6 \to 3$

$7 \to -4$

$8 \to 4$

$\vdots$

也就是说，把自然数 1 与 -1 对应起来，0 与自己对应起来。然后，把偶数自然数 n 对应到自然数与负整数集中的 $\frac{n}{2}$，把奇数自然数对应到自然数与负整数集中的 $-\frac{n+1}{2}$。通过这种配对，每个自然数都与自然数或负整数相匹配，且两个集合中都不会有剩余不能匹配的数。

致谢

我的丈夫埃斯特班·鲁本斯在我低落的时候给予了我支持和鼓励，而每次我成功时，他也永远会在一旁和我一同庆祝。我十分感恩我的人生能和他共度。我的孩子们——马可和索菲娅用他们强盛的求知欲和对生活的投入给予了我灵感。我喜欢成为他们的妈妈。

我的手足珍妮·汤普森和约翰·达戈斯蒂诺在我们寻找各自的道路、养育自己的孩子时提供了爱与支持，我们也一同帮助父母面对人生的终结。我也由衷地感谢我的父母维托与莫琳、我的公婆米格尔与迪莉娅、我的另两个姐妹莉兹与玛丽，以及我的教父母迈克尔与莫琳。

数十年来，梅丽莎·比斯托克给予我令人难以置信的友谊和爱。我也同样感谢所有在我的个人生活和数学旅程中的重要时刻给予了友情并提供了支持的人，包括玛丽-皮埃尔·阿斯蒂尔、玛丽·巴伦德、巴里·巴洛夫、贝茜和斯蒂芬·博格丹尼、艾米·布赫曼、莎拉·布莱恩特、艾莉森·卡明斯、拉切尔·德科斯特、艾米莉·德莱顿、凯伦·埃里克森、吉安娜·埃斯基维尔、米歇尔·吉恩、莱昂娜·哈里斯、安妮·希尔、邦妮·马库斯、桑迪·米科拉蒂斯、雪莉·摩根、玛莎·帕克、保罗·帕奎特、达芙妮·罗斯、科琳娜·塔纳萨和黛博拉·法拉特。

我很感谢那些对我的手稿提供了反馈的人，包括约翰·达戈斯蒂诺、南希·洛德、戴维·米科拉蒂斯、约翰·奥布莱恩、埃斯特班·鲁本斯、索菲娅·鲁本斯以及丹·泰伯。感谢马可·鲁本斯为我的计算机与手写板提供了每周七天、每天二十四小时不间断的技术支持。也同样感谢阅读了我更早版本的手稿的芭芭拉·库奇、凯伦·埃里克森、凯瑟琳·托勒和乔什·辛恩。

我的学校不光塑造了现在的我，也帮助塑造了这本书。感谢巴德学院、史密斯学院、达特茅斯学院和约翰·霍普金斯大学。同样也感谢 EDGE 项目、促进科学写作委员会和海德堡获奖者论坛基金会提供的资金和精神支持。

我要感谢我的数学导师们——他们都与我关系很好：达特茅斯学院的卡罗琳·高登、戴维·韦伯和汤姆·谢曼斯克，史密斯学院的克里斯多夫·高尔、露丝·哈斯、吉姆·亨勒和帕特里夏·斯派，斯佩尔曼学院的西尔维亚·博兹曼，布林·莫尔学院的朗达·休斯，波莫纳学院的阿米·拉敦斯康娅，巴德学院的伊森·布洛奇、彼得·多兰和马克·哈尔西。

感谢带我走上写作道路的写作导师们：克雷格·查尔兹、艾米·欧文、乔·诺尔斯、南希·洛德、艾米丽·穆林、本·纽金特、马克·桑德恩、凯瑟琳·托勒和罗宾·瓦瑟曼。

我也很感谢一直以来和我共同推进数学和科学教育的新罕布什尔州的领导者们，他们给予了我灵感：HOPE 基金会主席芭芭拉·库奇、新罕布什尔州社区学院系统长官罗斯·吉特尔、达特茅斯学院教务长和工程学教授约瑟夫·海尔布尔以及新罕布什尔大学代理教务长、学术事务副总裁、化学工程学教授 P. T. 瓦苏·瓦苏德万。

无限感激牛津大学出版社的组稿编辑丹·泰伯相信我对这本书的愿景，以及助理组稿编辑凯瑟琳·沃德在本书出版方面提供的支持。

最后，感谢所有我曾经教过的学生，是他们教会了我该怎么教数学。

参考文献

[1] S. J. Gould, *Ever Since Darwin: Reflections on Natural History*, New York: W.W. Norton and Company, 1977.

[2] Guinness World Records, "Britney Gallivan: How Many Times Can YOU Fold a Piece of Paper?—Meet the Record Breakers," November 26, 2018.

[3] G. Korpal, "Say Crease! Folding Paper in Half Miles Please," Fermat's Library, November 2015.

[4] Guinness World Records, "Guinness World Records: Most Times to Fold a Piece of Paper," Guinness World Recrods, 2019.

[5] M. Simonson, "Mathematical Democracy: Mission Impossible? Maybe Not...," American Mathematical Society, November 21, 2016.

[6] D. Austin, B. Casselman, J. Malkvitch, and T. Phillips, "Voting and Elections: Election Decision Methods," American Mathematical Society.

[7] J. F. Kennedy, "John F. Kennedy Moon Speech—Rice Stadium," September 12, 1962.

[8] N. M. P. a. A. Division, Director, *Apollo Atmospheric Entry Phase*. Film. USA: National Aeronautics and Space Administration, 1968.

[9] M. L. Shetterly, *Hidden Figures: The American Dream and the Untold Story of the Black Women Mathematicians Who Helped Win the Space Race*, New York: William Morrow, 2016.

[10] B. Obama, "Remarks by the President at Medal of Freedom Ceremony," White House Office of the Press Secretary, November 24, 2015.

[11] NASA, "Katherine Johnson: The Girl Who Loved to Count," National Aeronautics and Space Administration, November 24, 2015.

[12] B. Rauch, M. Götsche, and G. E. S. Bräler, "Fact and Fiction in EU-Governmental Economic Data," *German Economic Review*, vol. 12, no. 3, pp. 243–55, 2011.

[13] T. Taylor, "Benford's Law: a Useful, But Imperfect, Fraud-catcher," *Globe and Mail*,

December 22, 2010.

[14] J. Golbeck, "Benford's Law Applies to Online Social Networks," *PLoS One*, August 26, 2015.

[15] I. Stewart, *Significant Figures: The Lives and Work of Great Mathematicians*, New York: Basic Books, 2017.

[16] B. Hopkins and R. Wilson, "The Truth About Konigsberg," *College Mathematics Journal*, vol. 35, pp. 198–207, 2004.

[17] C. Adams, *The Knot Book: An Elementary Introduction to the Mathematical Theory of Knots*, Providence: American Mathematical Society, 2004.

[18] K. Murasugi, *Knot Theory and Its Applications*, Boston: Birkhauser, 1996.

[19] d. w. b. R. Alvesgaspar, "FibonacciChamomile.PNG liscensed under the Creative Commons Attribution 2.5 Generic license , converted to greyscale from original," April 28, 2011.

[20] K. Helmut Haβ, "File:Goldener Schnitt Bluetenstand Sonnenblume. jpg licensed under Creative Commons Attribution ShareAlike 3.0 Unported (CC BY-SA 3.0) converted to greyscale," July 5, 2004.

[21] Marazols, "File:Cactus in Helsinki Winter Garden spirals 8.jpg licensed under the Creative Commons Attribution 2.5 Generic license, converted to greyscale from original," August 8, 2009.

[22] Marazols, "File:Cactus in Helsinki Winter Garden spirals 13.jpg, licensed under the Creative Commons Attribution 2.5 Generic License Unported (CC BY-SA 3.0) converted to greyscale from the original," August 8, 2009.

[23] J.-L. W, "File:Phyllotaxie.jpg—Une pomme de pin dont les spirales montrent le mécanisme de la phyllotaxie—licensed under the Creative Commons Attribution-Share Alike 3.0 Unported converted to grayscale from the original," May 4, 2008.

[24] K. Blansey, "Pexels (All photos on Pexels can be used for free.), licensed by Pexels and converted to greyscale from the original and altered to note and count Fibonacci spirals."

[25] D. Quenqua, "The Moon Is (Slightly) Flat, Scientists Say," *New York Times*, July 30, 2014.

[26] K. Wu, "Saturn's Innermost Moons Are Red Ravioli, Thanks to Its Rings," NOVA,

March 28, 2019.

[27] D. Overbye, "Universe as Doughnut: New Data, New Debate," *New York Times*, March 11, 2003.

[28] D. Hilbert, "Mathematical Problems," *Bulletin of the American Mathematical Society*, vol. 37, no. 4, pp. 407–36, 2000.

[29] J. Kennedy, "Can the Continuum Hypothesis Be Solved?" Institute for Advanced Study, 2011.

[30] P. Cohen and K. Gödel, "The Independence of the Continuum Hypothesis," *Proceedings of the National Academy of Sciences of the United States of America*, vol. 50, no. 6, pp. 1143–8, 1963.

[31] C. Clawson, *Mathematical Mysteries : The Beauty and Magic of Numbers*, New York: Springer Science + Business Media, 1999.

[32] P. Honner, "Where Proof, Evidence and Imagination Intersect," *Quanta*, March 14, 2019.

[33] A. Wilkinson, "The Pursuit of Beauty: Yitang Zhang Solves a Pure-math Mystery," *New Yorker*, February 2, 2015.

[34] E. Klarreich, "Unheralded Mathematician Bridges the Prime Gap," Quanta, May 19, 2013.

[35] S. Singh, *Fermat's Enigma: The Epic Quest to Solve the World's Greatest Mathematical Problem*, New York: Anchor Books, 1997.

[36] A. Jha, "Dan Shechtman: 'Linus Pauling said I was talking nonsense'," *The Guardian*, January 5, 2013.

[37] Abcxwz, "File:Kite&Dart-tiling.gif released to the public domain," July 31, 2009.

[38] M. Rose, "Is the 'Penrose Pattern' Used in Kleenex's Toilet Paper?" *Wall Street Journal*, April 14, 1997.

[39] M. Rajesh, "Floral Pattern Background 658 licensed under the Creative Commons CC0 1.0 Universal (CC0 1.0) Public Domain Dedication."

[40] K. Arnold, "Japanese Wave Pattern Background licensed under Creative Commons CC0 1.0 Universal (CC0 1.0) Public Domain Dedication."

[41] K. Arnold, "Stars Abstract Wallpaper Pattern licensed under Creative Commons CC0 1.0 Universal (CC0 1.0) Public Domain Dedication."

[42] M. Pixel, "Line Spiral Rotation Rotated Background Swirl licensed under Creative Commons CC0 1.0 Universal (CC0 1.0) Public Domain Dedication."

[43] K.-i. Kawasaki, "Proof without Words: Viviani's Theorem," *Mathematics Magazine*, vol. 78, no. 3, p. 213, 2005.

[44] J. Hollander, "The Road Not Taken," in *Frost*, New York: Alfred A. Knopf, 1997, p. 136.

[45] International ISBN Agency, "International ISBN Agency," About ISBN, 2014.

[46] H. Scarf, "Fixed-Point Theorems and Economic Analysis: Mathematical Theorems Can Be Used to Predict the Probable Effects of Changes in Economic Policy," *American Scientist*, vol. 71, no. 3, pp. 289–96, 1983.

[47] American Cancer Society, "Limitations of Mammograms," 2019.

[48] M. Le, C. Mothersill, C. Seymour, and F. McNeill, "Is the False-positive Rate in Mammography in North America Too High?" *British Journal of Radiology*, vol. 89, no. 1065.

[49] American Cancer Society, "Understanding Your Mammogram Report," 2019.

[50] H. Ohanian, *Einstein's Mistakes*, New York: W. W. Norton & Company, Inc.,2008.

[51] A. Calaprice, *Dear Professor Einstein: Albert Einstein's Letters to and from Children*, New York: Prometheus Books, 2002.

[52] A. Calaprice, *The Ultimate Quotable Einstein*, Princeton: Princeton University Press, 2011.

[53] New York City Economic Development Corporation, "NYCEDC—Economic Research and Analysis," NYCEDC, 2019.

[54] D. Banegas and C. Stark, "Klein Bottle is a Real Natural in the Zoo of Geometric Shapes," National Science Foundation, October 7, 2008.

[55] K. Reidy, "Salvador Dalí and the Hypercube," *Scientific American*, March 8, 2018.

[56] G. Gibbs, "Bang! Math Professors Prove TV Show Theory About the Number 73," *The Dartmouth*, May 2, 2019.

[57] E. Specht, "The best known packings of equal circles in a square (up to $N = 10\ 000$)," Otto von Guericke, June 21, 2018.